国家重点基础研究发展计划(973计划) 项目(2011CB201203)

煤层覆岩采动破断及瓦斯流动规律

MEICENG FUYAN CAIDONG PODUAN JI
WASI LIUDONG GUILÜ

王　浩　吕有厂　王　满　　著

齐消寒　张先萌　张邦安

重庆大学出版社

内容提要

本书采用理论研究、现场测试与监测、室内测试、相似模型试验与数值模拟相结合的方法,利用重庆大学自主研发的含瓦斯煤热流固耦合三轴伺服渗流试验装置、RLW-2000M 型微机控制煤岩三轴流变试验机及可旋转箱式相似模拟试验台等试验装置设备,进行了煤岩体力学性质试验研究、瓦斯运移规律试验、煤岩体变形及破断规律研究,分析了煤矿开采过程中煤层覆岩采动破断及瓦斯流动规律,并对煤与瓦斯共采模式进行了深入研究,通过钻孔成像方法对现场的裂隙场进行了实地检验,最后提出了多煤层开采卸压瓦斯抽采的优化设计方案。

本书可为从事煤矿开采、煤矿安全及煤矿灾害防治等方面的研究人员和工程技术人员提供借鉴和参考。

图书在版编目(CIP)数据

煤层覆岩采动破断及瓦斯流动规律/王浩等著.—

重庆:重庆大学出版社,2019.6

ISBN 978-7-5689-1372-0

Ⅰ.①煤…　Ⅱ.①王…　Ⅲ.①煤矿开采—采动—断裂
②煤矿开采—瓦斯渗透—规律　Ⅳ.①TD32②TD712

中国版本图书馆 CIP 数据核字(2018)第 208432 号

煤层覆岩采动破断及瓦斯流动规律

王　浩　吕有厂　王　满
齐消寒　张先萌　张邦安　著
责任编辑:肖乾泉　　版式设计:肖乾泉
责任校对:王　倩　　责任印制:张　策

*

重庆大学出版社出版发行
出版人:饶帮华
社址:重庆市沙坪坝区大学城西路 21 号
邮编:401331
电话:(023) 88617190　88617185(中小学)
传真:(023) 88617186　88617166
网址:http://www.cqup.com.cn
邮箱:fxk@ cqup.com.cn(营销中心)
全国新华书店经销
重庆俊蒲印务有限公司印刷

*

开本:787mm×1092mm　1/16　印张:8.5　字数:173千
2019 年 6 月第 1 版　　2019 年 6 月第 1 次印刷
ISBN 978-7-5689-1372-0　定价:45.00 元

前　言

　　我国煤炭生产行业瓦斯灾害十分严重,每年直接经济损失约 20 亿元,间接经济损失 100 亿元以上,如河南省平顶山矿区多次发生煤与瓦斯突出事故,不仅直接造成了大量的人员伤亡和财产损失,也制约了矿井生产效率的提高。同时,瓦斯又是一种与煤伴生的、不可再生的资源,是一种清洁、高效的能源,其利用不会产生氮氧化合物和硫化物等有害物质。瓦斯的发热量可达 $33.5 \sim 36.8$ MJ/m^3,1 m^3 瓦斯相当于 1.3 kg 标准煤的发热量。实施煤炭与瓦斯两种能源的共同开采,不仅可以有效保障煤矿企业的安全生产,也可以提高瓦斯的利用率,实现煤炭资源的安全、高效、洁净开发。

　　本书采用理论研究、现场测试与监测、室内测试、相似模型试验与数值模拟相结合的方法,对中国平煤神马能源化工集团有限责任公司(简称:平煤神马集团)煤与瓦斯共采模式进行了深入研究,并通过钻孔成像方法对现场的裂隙场进行了实地检验,最后提出了多煤层开采卸压瓦斯抽采的优化设计方案。

　　本书的主要内容包括:利用重庆大学自主研发的含瓦斯煤热流固耦合三轴伺服渗流试验装置、RLW-2000M 型微机控制煤岩三轴流变试验机及可旋转箱式相似模拟试验台等试验装置设备,进行了煤岩体力学性质试验研究、瓦斯运移规律试验、煤岩体变形及破断规律的相似模型试验,通过微机控制电液伺服岩石三轴蠕变试验及不同加卸载条件下含瓦斯煤力学特性试验,进行了煤层顶底板岩石室内力学性质试验,得到相关力学性质参数,为后续的相似模拟及数值模拟提供依据;根据蠕变和损伤理论构建了蠕变损伤本构模型,并对 FLAC3D 进行了二次开发,基于该模型破断煤岩体的蠕变损伤机理进行了理论研究;通过 UDEC、FLAC3D 建模分析了多煤层开采覆岩卸压及裂隙场演化规律,在此基础上运用 UDEC 离散元软件和 COMSOL Multiphysics 多物理场耦合系统,得出瓦斯的固气耦合流动规律,采用 CXK6 矿用本安型钻孔成像仪对戊组煤瓦斯专巷现场布置的钻孔进行测试,结合 UDEC 数值分析软件得出了采动影响下已组煤上覆岩体采动裂隙的演化规律;结合室内试验、相似模型及数值模拟的研究成果,建立了煤岩体破断规律及瓦斯运移模型;采用远程顶板瓦斯抽采专用巷道下向钻孔法、顶板走向钻孔法及本层机风巷瓦斯预抽相结合的方法,对原己组煤的瓦斯抽采方式进行了优化设计,可提高瓦斯抽采率 17.52% 左右,对煤与瓦斯共采效率的提高有显著的效果。己$_{15}$煤层可作为戊$_{9-10}$的超远距离保护层,可以消除戊组煤的突出危险,并能够利用戊组煤的瓦斯专巷实现己组煤的煤与瓦斯安全、高效共采。

希望本书的出版能够促进高瓦斯煤层群开采中的煤与瓦斯安全高效共采的技术进步。由于笔者能力有限,且煤层群开采本是一个非常复杂的过程,书中难免存在不足之处,敬请读者批评指正。

笔　者

2018 年 12 月

目　录

1

绪 论

1.1 研究目的及意义

我国是一个煤炭资源大国,也是一个以煤为主要能源的国家。随着国民经济的发展,对能源的需求越来越大,预计到 2020 年,我国煤炭生产规模将达到 34 亿 t。因此,在煤炭资源富集区,加快大型煤炭基地建设,使其生产规模尽快实现从千万吨级向亿吨级的跨越,加快建成亿吨级煤炭骨干企业已经成为关乎国家社会经济发展的大事。

我国大部分矿区煤层瓦斯赋存明显地存在"三高三低"(三高——煤层高可塑性结构、煤层高吸附瓦斯能力、煤层瓦斯高贮存量;三低——煤层瓦斯压力低、煤层在水力压裂等强化措施下形成的常规破裂裂隙所占比例低、煤层瓦斯储层渗透率低)的特征,使得煤层采前预抽效果与美国、澳大利亚等国家勘探利用煤层瓦斯资源相比不甚理想。鉴于此,除沁水煤田等少数矿区外,我国绝大多数矿区不宜采用地面钻井等预抽技术,而应利用采动影响进行抽采。这是由于采动引起采场围岩体矿山压力重新分布并使煤岩体结构发生变化,随之引起渗透性的改变,而渗透性又是瓦斯运移与富集的决定性因素。

因此,研究采动覆岩移动破坏规律,得到煤岩层裂隙分布特征、卸压范围及演化规律,进而研究采动裂隙时空演化与卸压瓦斯运移聚集的关系,找出采场内瓦斯富集区,为煤与瓦斯的安全、高效开采提供一定借鉴,具有重要的工程实际应用价值。

本书的主要研究目的是针对平煤神马集团 3~4 m 的中厚煤层进行研究,研究其采动过程中的覆岩破断规律,并对瓦斯运移规律进行探索,以期对卸压瓦斯的高效抽采进行合理的设计优化。

1.2　国内外研究现状

Bai M,Palch ik V 和 Yavuz H 等分析了煤层开采后覆岩存在的 3 个不同移动带的特点。刘天泉院士、钱鸣高院士等提出了"横三区""竖三带"的特征。近年来的研究表明,覆岩采动裂隙分布形态随工作面推进而变化。钱鸣高院士等提出覆岩采动裂隙呈两阶段发展规律并形成"O"形圈分布特征,李树刚提出覆岩采动裂隙在空间上的分布是一个"椭抛带"形态,袁亮院士等提出了"顶板环形裂隙圈"的特征,林柏泉等得到了"回"形圈分布形态,杨科等得到覆岩采动裂隙四阶段演化特征。

1.2.1　煤岩体力学性质试验研究

王吉渊等利用含瓦斯煤三轴伺服渗流系统,对突出型煤试件进行不同围压的三轴压缩试验,得出围压对煤样的弹性模量、峰值强度和变形特性都有一定程度的影响且煤样的弹性模量、峰值强度和变形都随围压的增大而增加,对进一步认识含瓦斯煤岩的力学性质具有重要的意义。蔡波等利用自行研制的含瓦斯煤热流固耦合三轴伺服渗流系统,对突出型煤试件进行同一围压、不同瓦斯压力下的三轴压缩渗流试验,得出瓦斯压力对煤样的弹性模量、峰值强度和变形特性都有一定程度的影响;在同一围压条件下,随着瓦斯压力的增大,煤样的弹性模量和峰值强度都随之降低;煤样达到峰值强度时的体积应变、径向应变随之增加;同时随着围压的增加,瓦斯压力对煤样的弹性模量和峰值强度的影响减弱。

丁秀丽等以水电工程为背景,针对岩体工程时效变形行为与长期稳定性问题,开展了不同尺度的岩石(体)与结构面蠕变特性的试验研究,基于蠕变试验结果或现场实测位移对岩体流变本构模型与参数辨识的方法进行了探讨。开展室内岩块单轴压缩蠕变试验,对不同类型岩石的蠕变力学性态及其规律进行了研究,以坚硬岩体中分布广泛的硬性结构面为研究对象,开展无充填硬性结构面的室内和现场剪切蠕变试验研究,获得了对不同尺寸结构面试件的剪切蠕变特性与变形破坏特征的认识。基于试验结果建立了结构面剪切的蠕变经验模型,并得到应力水平与模型参数之间的相关关系。马咪娜等采用理论分析、试验室试验及数值计算等方法,进行了深部煤岩体蠕变本构关系的研究,并对井巷预留煤柱以及高瓦斯矿井中煤岩体进行了稳定性分析。

尹光志等利用自行研制的自压式三轴渗透仪及 MTS815 型力学试验机,进行固定瓦斯压力及不同围压情况下突出煤试样试验研究。结果表明,在相同围压下,突出煤试样渗流速度随着轴压的增加,表现为先下降后升高,达到应力峰值后,先下降然后趋于稳定。试样在峰值后的渗流速度随着围压增大而降低,当围压达到 4 MPa 以后,渗流速度下降缓慢,几乎保持定值。

1.2.2　瓦斯渗流规律

　　煤层瓦斯渗流理论是专门研究煤层内瓦斯压力分布及瓦斯流动变化规律的理论,但至今尚未形成一门独立而完善的学科体系。煤层瓦斯渗流力学自创立至今深受采矿界和力学界的关注,尤其是 20 世纪 80 年代以来发展更为迅速,在这段时间的主要特点是应用范围越来越广,理论上不断深化,研究手段日趋现代化。

1) 线性瓦斯流动理论

　　线性瓦斯渗流理论认为,煤层内瓦斯运移基本符合线性渗透定律——达西定律(Dracy's law)。渗流力学最先在水利工程、水的净化和地下水资源开发等领域应用。大约从 20 世纪 20 年代起,渗流力学开始成为石油和天然气开发工业的一项理论基础。20 世纪 40 年代末,为了适应采矿(煤)业的大力发展,控制瓦斯技术成为当时研究的关键技术之一。20 世纪 60 年代,周世宁等从渗流力学的角度出发,认为瓦斯的流动基本上符合达西定律,把多孔介质的煤层看成一种大尺度上均匀分布的虚拟连续介质,在我国首次提出了瓦斯流动理论——线性瓦斯渗透理论。这一理论的提出对我国瓦斯流动理论的研究具有极为深刻的影响。

　　20 世纪 80 年代,瓦斯流动理论的研究又趋于活跃,主要是修正和完善瓦斯流动的数学模型,焦点是瓦斯流动方程的修正。郭勇义就一维情况结合相似理论,研究了瓦斯流动方程完整解,采用朗格缪尔方程来描述瓦斯的等温吸附量,提出修正的瓦斯流动方程式。谭学术等研究了瓦斯的气体状态方程,认为应用瓦斯真实气体状态方程更符合实际,提出了修正的瓦斯的矿井煤层真实渗流方程。余楚新、鲜学福等认为煤层中参与渗流的瓦斯量只是可解吸附的部分量,在煤体瓦斯吸附于解吸过程完全可逆的条件下建立瓦斯渗流的控制方程。

　　近年来,众多学者从力学角度出发,应用达西渗流运动方程来描述突出过程中的瓦斯流动,指出煤的破碎启动与瓦斯渗流的耦合是煤与瓦斯突出的内在因素。以孙广忠教授为首的学科组也相继提出"煤-瓦斯介质力学"的观点,对煤-瓦斯介质的变形、强度、破碎、渗透性等力学特性进行了系统研究,讨论了突出发生后所形成的瓦斯粉煤两相流动过程,为阐明煤与瓦斯突出机理作出了贡献。

2) 线性瓦斯扩散理论

　　线性瓦斯扩散理论认为,煤屑内瓦斯运移基本符合线性扩散定律——菲克(Fick)定律。杨其銮、王佑安认为在各种采掘工艺条件下采落煤的瓦斯涌出、突出发展过程中已破碎煤的瓦斯涌出、在预测瓦斯含量和突出危险性时所用煤屑的瓦斯涌出问题,皆可归结为煤屑中瓦斯扩散问题。把瓦斯从煤层中的涌出过程看作是气体在多孔介质中的扩散,其涌出符合菲克线性扩散定律,并以此对煤层瓦斯扩散规律进行了深入的理论探讨和实测分析研究。

3) 瓦斯对流扩散理论

瓦斯对流扩散理论认为,煤层内瓦斯运动是包含渗流和扩散的混合流动过程。随着煤层瓦斯运移规律研究的深入发展,国内外许多学者都赞同瓦斯渗透——扩散理论。孙培德以瓦斯地质的新观点来认识煤层内瓦斯运移机理,煤层内瓦斯流动实质上是可压缩性流体在各向异性介质、非均质的孔隙-裂隙介质中渗透-扩散的混合稳定流动。

4) 非线性瓦斯流动理论

国内外许多学者对线性渗流定律是否完全适合于多孔介质中气体渗流问题已做了大量的考察和研究,许多学者经过研究归纳出达西定律偏离的原因为:流量过大、分子效应、离子效应、流体本身的非牛顿势,提出更能符合煤层瓦斯流场流动的基本定律——幂定律(Power Law)。以非线性煤层瓦斯流动基本定律(幂定律)为基础提出了非线性瓦斯流动的数学模型及其理论,经初步实测验证表明,非线性瓦斯流动模型更符合实际。

罗新荣经过试验研究,提出考虑克林肯贝克(Klinkenberg)效应的修正形式的达西定律——非线性瓦斯渗流定律,并建立了相应的瓦斯流动数学模型,指出达西定律的适用范围。陈永敏等在大量试验研究的基础上针对低速非达西渗流曲线的表观现象,采用试验数据特征分析的方法,论证了低速非达西渗流规律。

5) 渗流-应力耦合理论

随着煤层瓦斯流动机理研究的深入,许多学者认识到,地应力场、地温场以及地电场等地物场对煤层瓦斯流动场具有显著的作用和影响,进而建立和发展气固耦合作用的瓦斯流动模型及其数值方法。应用流体-岩石相互作用机制认识煤层内瓦斯运移的过程,充分发展和考虑地应力场、地温场以及地电场等地球物理场作用下的煤层瓦斯运移耦合模型及数值方法,使理论模型更能反映客观事实,并进一步完善理论模型及测试技术和手段,成为当今推动煤层瓦斯渗流力学向前发展的主流方向。

6) 多煤层系统瓦斯越流理论

根据地下渗流力学多煤层瓦斯越流的定义,煤层群开采中采场瓦斯涌出问题、保护层开采的有效保护范围的确定问题、井下邻近层(采空区)瓦斯抽放工程的合理布孔设计抽放率预估问题、地下多气层之间煤层气运移规律的预估和评估问题,都可以归结为多煤层系统瓦斯越流问题。但由于此问题的复杂性,均未从煤层瓦斯越流的角度去抽象出其普遍规律并创建多煤层系统瓦斯越流理论,因此,应用流体-岩石相互作用的观点创建和发展煤层瓦斯耦合模型及数值方法,丰富和完善煤层瓦斯渗流力学,这是当今本学科理论研究的前沿课题。它既有十分重要的理论意义,也有重要的现实意义。

1.2.3 相似材料模拟方面的研究现状

高明中等运用试验室相似模型试验方法,对西三采区煤层开采引起的岩体移动和地表沉陷的基本规律进行了研究,总结出了新集三矿急倾斜煤层开采重复采动所引起的厚冲积层岩体移动基本特征和地表沉陷的相关参数。所得结果对现场开采及地表沉陷治理具有一定的指导作用,对于同类地质和开采条件的矿区具有重要参考价值。

李向阳等采用数值模拟与相似模拟的方法研究了木架山矿区 143 剖面倾斜采空场处理时的地表移动与覆岩破坏规律。研究发现,随着矿柱的崩落,覆岩跨度不断增加,引起的地表移动范围也不断增大,地表垂直沉降范围大致为跨度的 1.5~1.7 倍,垂直沉降曲线始终对称于最大沉降点;水平移动的范围大于垂直沉降的范围,最大水平移动量大约为最大沉降量的 40%,且水平移动不对称。

杨科等采用试验室相似材料模拟开展了不同采厚回采过程中围岩力学特征的研究。结果表明,不同采厚回采期间煤层顶、底板一定范围内的岩层应力均具有明显的分区特征,在高位岩层和工作面前方及切眼后方未采煤岩体内均形成起主要承载作用的宏观应力拱,覆岩运移形态均为非对称性;随一次采厚增加,覆岩冒落角略有变化,支承压力影响范围和两带(冒落带和断裂带)高度加大并逐渐趋于稳定,两带高度、支承压力峰值位置到工作面煤壁距离与一次采厚成非线性正比关系。

刘秀英等利用相似材料模拟试验法研究采空区覆岩的移动规律。研究发现,随着工作面的推进,岩体裂隙自下而上逐步发展,对应于不同的工作面推进距离形成不同的裂隙网络分布。后一工作面推进距离条件下的采动岩体裂隙网络,使得采动岩体裂隙分布更加趋于复杂。当采掘工作结束且岩移基本稳定后,采空区中部离层基本闭合。

1.2.4 瓦斯流动数值模拟方面的研究现状

采空区瓦斯浓度分布的数值解算也经历了一个逐步认识和发展的过程。章梦涛从场流角度给出了瓦斯运移定解条件及 Galerkin 有限元解法,早于波兰人 J. Roszkowski 和 W. Dziurzyński 应用计算机程序计算采空区瓦斯浓度分布,然而此种算法数值解稳定性差。1996 年,丁广骧引入了迎风格式有限元方法,这样数值解得以稳定。李宗翔给出了非均质采空区渗流-扩散的有限元数值模型,直观描述了采空区瓦斯涌出过程、瓦斯分布规律及其在采空区上隅角瓦斯积聚的流体力学原理。后来又基于非均质多孔介质漏风渗流方程、多相气体渗流-扩散方程和多孔介质渗流综合传热方程,建立了采空区瓦斯与自然发火耦合数值模型,开发了用迎风格式有限元方法联立求解的计算机程序(简称 G3)。

徐涛、唐春安等在岩石破裂过程分析系统(RFPA2D)的基础上,建立了含瓦斯煤岩破裂过程流固耦合作用的 RFPA2D-Flow 耦合模型,给出了 RFPA2D-Flow 耦合模型的数值求解方法,并应用该模型对石门掘进诱发煤与瓦斯的延期突出进行了数值模拟。模拟结果再现了含瓦斯煤岩在瓦斯压力、地应力及煤岩力学性质共同作用下渐进损伤破裂诱致突出的全过程。模拟结果进一步表明延期突出与瞬时突出都是地应力、瓦斯压力和煤体物理力学性质 3 个因素综合作用的结果,都具备突出的 4 个阶段,即应力集中阶段、应力诱发煤岩破裂阶段、瓦斯动力驱动裂纹扩展阶段和突出阶段,为进一步深入理解煤与瓦斯突出机理及瓦斯抽放防治突出等提供了理论基础和科学依据。

尹光志等在多孔介质的有效应力原理中引入瓦斯吸附的膨胀应力,推导出了适用于含瓦斯煤岩的有效应力计算公式。通过分析含瓦斯煤岩的孔隙度和渗透率在不同变形阶段的变化特点,在前人的研究成果基础上,建立了含瓦斯煤岩的孔隙度和渗透率的动态模型,得出了含瓦斯煤岩的应力场方程和渗流场方程,建立了能描述固气耦合情况下煤岩骨架可变形性和瓦斯气体可压缩性的含瓦斯煤岩固气耦合模型。利用有限元方法建立了相关的数值计算模型,并得出了含瓦斯煤岩固气耦合模型的数值解。该研究成果对进一步充实和完善含瓦斯煤岩固气耦合理论有一定意义。

杨天鸿等引入煤体变形过程中细观单元损伤与透气性演化的耦合作用方程,建立了含瓦斯煤岩破裂过程固气耦合作用模型。应用该模型模拟研究了煤矿开采诱发的煤与瓦斯突出过程、突出前后煤体中瓦斯压力的变化规律以及采动影响下瓦斯抽放过程中煤层透气性的演化和抽放孔周围瓦斯压力的变化规律,对进一步深入理解煤与瓦斯突出机理、瓦斯抽放作用机制等并采取相应的预防和控制措施等具有重要的理论和实践意义。

李东印等引入溶质扩散平移方程和 Fick 扩散定律来模拟瓦斯的流动扩散行为,应用 N-S 方程和 Brinkman 方程构建工作面和采空区气体流动模型,并将两个模型有机地联系在一个统一的流动场中,基于质量守恒和压力平衡,建立出采煤工作面瓦斯流动的物理模型。进风巷道、回风巷道、工作面以及采空区瓦斯涌出和扩散被有效地联系在了一起,应用 COMSOL Multiphysics 多物理耦合分析工具求解该物理模型。结果表明,该模型能够模拟工作面和采空区瓦斯浓度分布,并能对瓦斯专排巷的位置布置、工作面通风方式优劣进行对比判断,对采煤工作面有一定的适用性。

1.2.5　采动裂隙场实地深测技术研究现状

欧美发达国家于 20 世纪中期开始研究成像测井技术,并且尝试将这种技术引入油气勘探钻孔的探测领域。1969 年,Mobil 公司的 Zemanek 等用超声成像技术研究出第一代井下电视（Borehole Televiewer）。到 20 世纪 80 年代，该技术已成为西方测井公司主要的商业服务手段，并被广泛地应用在油气资源勘探领域中，但对大型基础工程钻孔的电视成像技术的成熟应用始于 20 世纪 90 年代中期。目前，国外具有影响的成像测井仪器系统有斯伦贝谢的超声波成像测井仪 UBI（Ultrasonic Borehole Imager）、哈利伯顿的声波成像测井仪 CAST-V（Circumferential Acoustic Scanning Tool）、贝克阿特拉斯的超声波井周成像测井仪 CBIL（Circumferential Borehole Imaging Log）和罗伯森声光成像测井仪 OPTV/BHTV/CCTV（Optical Televiewer Probe/Borehole Televiewer/Compatible camera Televiewer），等等。多种地球物理探测技术方法组合的成像测井技术也已经被广泛地应用在国际油气勘探领域中。美国 Geoprobe 公司生产的用于工程勘察探测领域的综合工程探测系统，具有钻孔、随钻测试、力学参数检测和地基基础评价等功能，应用了压力、电磁、声、超声和扫描成像等先进技术。国外用于工程钻孔探测的钻孔声波电视成像系统是在近些年开始完善成熟的，它与源自钻孔摄录技术的钻孔电视光学成像系统共同组成了先进的钻孔电视成像系统。

我国于 20 世纪 60 年代出现了井孔照相检测技术，70 年代末期国内研制出用于管井检查的黑白井下光学电视系统，80 年代末研制出彩色光学井孔电视摄像系统，这些检查摄像系统多被应用在供水管井故障检查和工程钻孔的异常探查中。目前，国内市场上的井下电视摄像产品均属于小批量研发性质的中试产品，缺少行业标准体系对其系统性能进行规范、率定和认证。而国外的同类产品早于国内 10 年出现在国际市场上，其性能品质均优于国内同类产品。美国、英国、日本、加拿大和韩国等国家在井孔彩色视频摄录系统的研发方面处于领先水平。

这期间，国外的同类产品已经日趋完善，进入了成熟应用阶段。国内市场上出现的管井光学电视摄像产品有天津大学电视研究所研制的俯视和侧视井下电视摄像系统、长江勘测技术研究所的 ZCD-50 型井下电视仪、冶金工业部武汉勘察研究院的 HW-38 型井下电视仪、西安光学精密机械研究所研制开发的 JX-3500 井下电视仪、地质矿产部水文方法所的 TDTV 系列水文水井电视检测系统，等等。虽然这些管井光学电视摄像仪器通常是以单一光学成像的方式在工业管井中拍摄录像，缺少更深入的图像数据处理技术和图像数据处理解释软件的支撑，但是这些源自井下电视成像测井技术的管井图像摄像产品，在国内多项工程钻孔探测应用中取得了大量的试验检测成果，解决了许多工程钻孔探测的工程技术难题。

鉴于钻孔电视成像测试技术的图像数据成果的先进性、适用性和可靠性，2002 年原建设部颁布的《工程勘察项目取费标准》中已将钻孔电视成像的技术方法收录为工程物探勘查项目。各相关行业部门也正在逐步完善该项技术的标准规范和技术规程的工作，开始逐步引进和推广。

张玉军等利用钻孔彩色电视系统观测了大量钻孔内部原生裂隙以及采动岩体裂隙的分布及其发育特点。研究得出原生裂隙场具有绝大多数发育横向微裂隙、裂隙被充填物所充填,以及部分发育纵向裂隙、较破碎的特点。采动岩体裂隙则具有发育纵横交错的相交裂缝,以高角度纵向裂缝为主,且随着离煤层顶板距离减小,并逐步向破碎型裂缝发展的特点。

刘福权介绍了全景式钻孔电视成像系统的测试工作原理,论证了钻孔电视成像技术在工程勘测中的适用性。通过对钻孔节理裂隙产状进行统计分析,达到了对钻孔电视检测成果定量解释的目的。同时,应用钻孔电视成像技术对地质构造和构造层面等进行了定位和划分。通过成像法编录成果与常规岩芯编录成果的对比分析,总结成像法编录的优缺点,提出以钻孔电视为主、钻探取芯为辅的勘探方法。

1.3 研究技术路线

1) 研究内容

本书通过现场与试验室的研究获取煤岩体的物理力学参数及瓦斯的渗流规律,在这些参数基础上进行相似模型试验及理论分析,研究煤岩体的破坏规律和瓦斯运移规律,然后对研究成果进行现场验证,最后提出卸压瓦斯安全高效抽采的优化设计方案。

研究主要内容包括:采动条件下煤岩体力学性质试验、卸围压煤岩体中瓦斯渗流试验、基于三维激光扫描仪的相似模型试验、采动应力场及裂隙场演化规律、采动影响区瓦斯运移规律研究及多煤层开采卸压区瓦斯抽采优化设计等部分。

2) 技术路线

采用现场调研取样、试验室基础试验、试验室相似模型试验、理论分析、现场验证相结合的技术路线。

首先,选定研究对象并进行技术资料、研究现状等调研工作,并在现场取样回试验室加工。其次,在试验室完成煤层原煤试件及顶、底板试件的物理力学性质测试,同时完成不同部位试件的渗流特性研究。第三,通过理论分析与数值模拟相结合的方法研究煤岩体破断及瓦斯流动特性。第四,通过现场钻孔测试对室内研究结果进行验证。最后,对现场瓦斯抽采体系进行初步优化。

1.4 研究背景

项目依据平煤神马集团矿井具体情况,选取典型矿,通过试验室大型相似试验、现场试验与监测、多场耦合理论分析与数值模拟相结合的手段,在多煤层开采过程中,系统研究卸压区内破断煤岩体中瓦斯流动与富集规律,将为平煤神马集团矿井的煤与瓦斯共采及瓦斯灾害治理提供理论与技术支撑,在提高瓦斯抽采效率、防治瓦斯灾害事故的发生、加强安全生产等方面具有重要的工程实用价值和现实意义。

平煤神马集团十矿及十二矿位于河南省平顶山市区东部,距离市区中心约 6 km,如图 1.1 所示。井田东西走向长 5.6 km,南北倾斜宽 7.0 km,含煤面积 31.5 km²。

图 1.1　平煤神马集团十矿交通位置图

研究区域涉及矿井北翼东区己煤组及戊煤组,北翼东区戊$_{9\text{-}10}$煤层位于郭庄背斜北翼东部 22 勘探线与 20 勘探线之间,向深部为单斜构造。在上部受郭庄背斜仰起端控制,构造挤压作用强烈,煤层顶板泥岩比例高,瓦斯涌出量较高。由瓦斯涌出量与标高之间的关系分析可知,工作面绝对瓦斯涌出量随着埋深增加而增加。

平顶山煤矿采区的己$_{15}$煤层位于山西组中下部,煤层厚 0.8～5.50 m,平均厚 3.40 m,一般厚 3.00～3.70 m,煤层倾角 3°～25°,简单结构,属中厚煤层,煤厚变异系数为 10.3%～23.6%,可采指数为 1,属可采煤层。己$_{15}$-17200 工作面位于己七采区中部,布置在己$_{15}$煤层之中。

根据物探结果,己$_{15}$-17200 工作面煤层赋存较稳定,正常煤层为原生结构煤,煤的破坏类型为Ⅰ～Ⅱ类,局部为Ⅲ类,煤层节理较发育,煤层顶板为深灰色砂质泥岩,底板为黑色泥岩,透气性较差,煤厚 0.1～6.5 m,平均 3.15 m,煤层倾角 10°～40°,平均 19°,采长 225.3 m,走向长 762.5 m,工作面标高为−565.31～−483.167 m,垂深 658.48～785.31 m,可采储量 67.3 万 t。原始瓦斯压力为 2.6 MPa,原始煤层瓦斯含量为 15.256 m³/t。

通过现场调研,收集了地质情况资料、区域地质资料(褶皱、断层等情况)、煤层底板等高线图、矿区及采区柱状图、采煤工作面和掘进工作面情况介绍、井上下对照图、采掘工程平面图、通风系统图、瓦斯抽采情况(包括瓦斯抽采系统图、抽采钻孔位置及孔深等资料)等,同时收集了东区瓦斯抽采专用巷道的瓦斯抽采台账。

2
采动条件下煤岩体力学性质试验

2.1 试件制备

在现场调研、收集相关地质资料及生产资料的同时,在机巷、风巷、切眼取煤样、岩样,共取原煤样 2.0 t 及 300 kg 顶底板岩石样。同时,根据研究计划,针对现场开采情况在十矿东区戊组轨道下山与专回下山之间的联络巷瓦斯抽采专用巷道作为现场试验场,设置钻孔并取顶底板岩样 200 kg。在机巷每隔一定距离取一定体积的煤块,共取原煤样 300 kg。经密封包装,运输返回至重庆大学煤矿灾害动力学与控制国家重点试验室,利用机械设备钻孔取芯,端头打磨平整,制成 ϕ50 mm×100 mm 标准圆柱形试件。

试件加工工艺如下:

①钻芯:在湿式加工法钻芯过程中,应保持钻头垂直钻取岩体,同时用水冷却降温,避免钻头过热变形影响钻芯质量,设备为立式钻芯机(图 2.1)。

②切割:由于煤岩芯样端部不平整,需进行切割,切割过程应保证岩芯的尺寸及端面基本平整和完整,设备为切割机。

③打磨:在工业磨床上进行岩芯端面打磨,参照国际岩石力学协会要求,将端面平整度控制在 0.02 mm 以内,以确保岩样的加工精度,设备为工业磨床(图 2.2)。

④筛选:为了保证所加工的岩样尺寸符合标准圆柱体(ϕ50 mm×100 mm),需进行尺寸及端面平整度筛选(图 2.3)。通过尺寸测量方法剔除不合格的岩样,还通过测量密度进行分组,再将岩样性质接近的进行标记。

要求试样制备直径误差不得超过 0.3 mm;两端面不平行度最大不超过 0.05 mm;端面应垂直于试样轴线,最大偏差不超过 0.25 mm(图 2.4)。

图 2.1　钻孔取芯设备

图 2.2　端头打磨设备

图 2.3　标准圆柱形岩石试件

图 2.4　标准原煤试件

2.2　试验设备

2.2.1　MTS815 岩石力学试验系统

试验所采用设备为美国生产的 MTS815 岩石力学试验系统,该设备的轴向最大载荷为 2 800 kN,最大围压为 80 MPa,最大孔隙水压为 80 MPa,最高温度可达 200 ℃。

测试精度高且性能稳定,可以进行高低速数据控制和采集,控制方式可采用载荷、应力、位移、轴向应变和横向应变等。MTS815 岩石力学试验系统可进行岩石的抗拉试验、单轴压缩荷载试验、三轴压缩荷载试验、循环荷载试验、渗透性试验、蠕变试验等。该试验系统的硬件部分主要由加载设备、16 位全数字型伺服系统控制箱、液压油泵、三轴压力室、围压系统、温度控制、输出打印设备组成,如图 2.5 所示。该系统配有轴压、围压、孔隙压力 3 套独立的闭环控制系统,具有 16 通道数据采集、伺服反馈信号、全程计算机跟踪控制的功能,其轴向载荷由安装在试验系统上的荷重计测得,轴向应变和横向应变由图 2.5 中所示的轴向引伸计和环向链条式引伸计测得。该试验系统通过全数字系统管理控制软件来实现对整个系统的控制和管理,在试验过程中可实时绘制轴向应力-轴向应变、轴向应力-横向应变和位移-时间曲线,可以进行高低速数据采集,并自动存储相关测试数据。试验结束后可在 Excel 和 MTS 菜单中进行数据处理与分析,并计算出岩石力学参数及其轴向应力与轴向应变、横向应变、体应变之间的全过程曲线。

(a)MTS815岩石力学试验系统　　　　　(b)引伸计

图 2.5　MTS815 岩石力学试验系统及其配套的引伸计

2.2.2　RLW-2000M 微机控制煤岩流变试验机

RLW-2000M 微机控制煤岩流变试验机是研究煤和岩石在多种环境下流变特性的试验设备(图 2.6)。该设备可自动完成煤或岩石的单轴抗压强度、三轴抗压强度、循环载荷以及流变等试验。RLW-2000M 微机控制煤岩流变试验机的硬件部分主要由加载设备、控制系统、三轴压力室、围压系统、孔隙水压力系统、温度控制、输出打印设备组成。控制系统采用德国 DOLI 公司原装进口的 EDC 全数字伺服测控器[图 2.7(a)、(b)],其中分为轴压、围压和孔隙压力 3 套独立的闭环控制系统。加载系统采用了伺服电机和滚珠丝杠加载工作系统[图 2.7(c)],可以完成多种形式的长时间变形试验,在试验中可进行荷载控制、位移控制和变形控制。

图 2.6 RLW-2000M 微机控制煤岩流变试验机

（a）操作系统   （b）控制系统

（c）加载系统

图 2.7 RLW-2000M 微机控制煤岩流变试验机组成

2.3　卸围压条件下煤岩力学性质试验

含瓦斯煤岩的力学性质包括含瓦斯煤岩的变形特性和强度特征。由于在采矿工程和地下工程中,岩石材料(或煤岩材料)一般都处于受压的三维应力状态,因此,本书着重研究含瓦斯煤岩在三轴压缩条件下的力学性质。

试验过程中,先将轴压与围压增加到静水压力,然后按 0.02 MPa/s 的速度卸围压,直至煤岩样破坏。

图 2.8 是初始静水压力分别为 7 MPa、8 MPa、9 MPa 的顶板砂岩试件,在增加轴向压力后卸围压作用下的荷载-应变曲线,每组静水压条件下有 3 个试件。可以看出在卸围压过程中,随着围压的减小,煤岩轴向变形与径向变形量增大,当围压减小到一定程度时,$\sigma_1 - \sigma_3$ 达到煤岩的峰值强度,试件发生破坏。7 MPa、8 MPa、9 MPa 初始静水压条件顶板砂岩试件的峰值强度主要集中在 140 kN 左右。

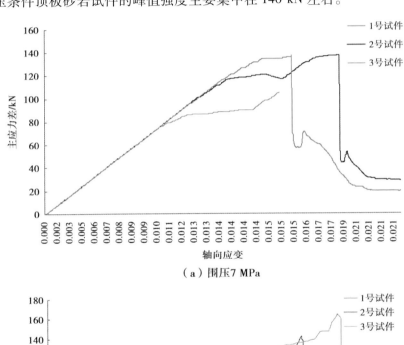

（a）围压7 MPa

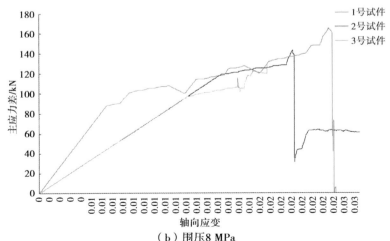

（b）围压8 MPa

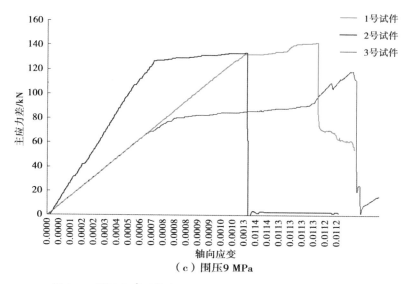
（c）围压9 MPa

图2.8　顶板岩石试件在不同静水压力下卸围压全过程曲线

图2.9给出了顶板岩石试件在不同围压作用下的破坏断裂图，可以看出试验中，在卸围压作用下岩样主要出现单倾剪切破坏。

图2.9　加载条件下岩石断裂图

图2.10所示为原煤试件在不同初始静水压力条件下，增加轴压后卸围压过程的试验曲线，试验结果表明原煤试件在三轴状态下的强度为25～30 MPa。图2.11所示为原煤试件破断形态。研究结果将应用在后续的数值模拟与理论分析之中。

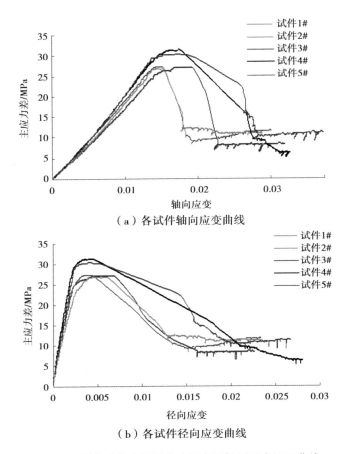

（a）各试件轴向应变曲线

（b）各试件径向应变曲线

图 2.10　原煤试件在不同静水压力下卸围压全过程曲线

图 2.11　加载条件下原煤断裂图

2.4 微机控制电液伺服煤岩三轴蠕变试验

2.4.1 试验目的

煤层回采过程中,会出现初次来压、周期来压等矿山压力显现过程。煤岩体经历了卸荷—瞬间加载—周期加载—破坏的全过程。煤岩体的这种破坏过程表现为煤岩体的周期加载蠕变破坏过程。

为了揭示平煤神马集团十矿戊$_{9\text{-}10}$煤层顶底板岩层的蠕变特性,为其后进行的研究以及长期稳定问题评价提供依据,测定煤岩在一定条件的蠕变强度,确定煤岩试件在蠕变条件下变形和时间的关系,研究完成了一系列平煤神马集团煤岩试件的卸围压蠕变及周期加载蠕变试验。

2.4.2 试验方案

试验在重庆大学煤矿灾害动力学与控制国家重点试验室的 RLW-2000M 微机控制煤岩流变试验机上完成。

试验按如下步骤完成:

①使用游标卡尺分别测量圆柱形试件长度 L 及直径 D,并记录。

②将试验试件放置于试验垫块上端,确保试件位于垫块中央,两端加橡胶套密封。

③使用电吹风,让热缩管紧密贴近试件,使用螺丝管箍固定于橡胶垫圈两端,确保试件完全密封(图 2.12)。

④将准备完成的试件置于试验台上,连接导管,以加载水压;安装轴向引伸计、径向引伸计,以测量试验过程中试件形状的变化情况(图 2.13)。

图 2.12 热缩管安装完成

图 2.13 导管引伸计安装完成

⑤调试引伸计,确保其正常工作。放下腔体外壳,将装配好的试件置于腔体中,

推入压力室,连接充油管(图2.14)。

⑥提升油缸至适当位置,启动流变机试验相关控制系统,启动充油泵(图2.15)。

图2.14　试件放入箱体,安装油管进行充油　　图2.15　启动油泵,提升试件至适当位置

⑦待充油结束,关闭轴压充油阀、围压充油阀,关闭充油总管下端开关(图2.16)。

⑧启动计算机,连接控制系统。调节条件至预定条件,开始试验,记录数据(图2.17)。

图2.16　关闭轴压、围压充油阀,准备加压　　图2.17　启动计算机控制系统进行试验

2.4.3　试验结果

(1)无水压条件下

通过试验机完成了稳定蠕变及卸围压蠕变,其试验条件如表2.1所示。稳定蠕变试验中,先将围压与轴压加载到预定荷载12 MPa,然后增加轴压24 kN并保持压力状态不变。在这种情况下进行蠕变试验,由于煤岩体的长期强度未知,所以这种蠕变加载方式很难使用理想的轴向加载荷载。试验结果如图2.18所示,图中曲线平滑,减速蠕变与稳定蠕变过程明显。

表2.1　定围压与卸围压下试验条件表

试验条件	轴压/MPa	围压/MPa	水压/MPa
稳定蠕变试件1	12	12	0
卸围压蠕变试件2	12	12(每24 h卸2 MPa)	0

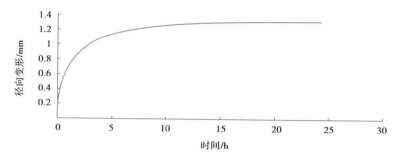

图 2.18　煤层顶板岩石试件 1 围压 12 MPa 条件下蠕变曲线

试验还进行了卸围压蠕变试验,先将围压与轴压加载到预定荷载 12 MPa,然后保持轴压不变,按每 24 h 卸围压 2 MPa 的速度进行卸围压蠕变试验。图 2.19 所示为卸围压蠕变成果曲线,轴向应变随卸围压呈阶梯状加速上升,表现出加速蠕变的状态。

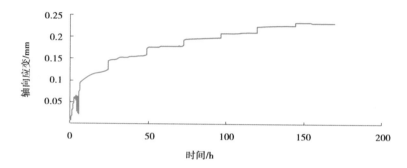

图 2.19　煤层顶板岩石试件 2 围压 12 MPa 卸围压条件下蠕变曲线

为研究煤岩体蠕变过程中表现出来的长期强度,进行分级加载蠕变试验,每 6 h 增加一次轴向荷载,试验加载路径按表 2.2 所示进行。图 2.20 所示为煤层顶板岩石试件 3 在轴向上表现出来的蠕变特性,图 2.21 所示为该试件在径向上表现出来的蠕变特征,图 2.22 所示为试件 3 的破坏形态。

表 2.2　无水压条件下分级加载表

试件编号	轴向力/kN	围压/MPa	水压/MPa	时间/h
3/4/5	21	12	0	6
	28	12	0	12
	35	12	0	18
	42	12	0	24
	49	12	0	30
	56	12	0	36
	63	12	0	42
	69	12	0	48

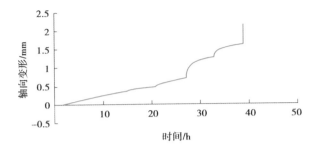

图 2.20　煤层顶板岩石蠕变试件 3 轴向变形蠕变破坏曲线

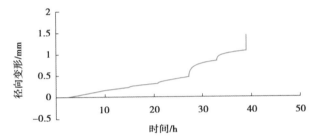

图 2.21　煤层顶板岩石蠕变试件 3 径向变形蠕变破坏曲线

图 2.22　煤层顶板岩石蠕变试件 3 蠕变试验破坏后状态

　　煤层顶板岩石试件 4、5 在轴向、径向表现出来的蠕变特性及试验后的破坏形态如图 2.23 至图 2.28 所示。

　　分析图 2.18 可知,当轴向应力水平较小时($\sigma < \sigma_s$),试件在经历初期短暂增长后,随着时间的增加,其变形量虽然有所增加,但蠕变变形速率则随时间增长而减少,最后趋于一个稳定的极限值。

　　分析图 2.19 至图 2.28 的破坏试件变形曲线可知,在蠕变初期阶段,蠕变变形稳定。当围压不断减小或轴向载荷不断增大($\sigma \geq \sigma_s$)时,蠕变不能稳定于某一极限值,而是快速无限增长,进入加速蠕变阶段,最终导致试件破坏。因此,可以得到煤层顶板在围压为 12 MPa 时的长期强度约为 63 kN(32.4 MPa),$\sigma_1 - \sigma_3 = 21.4$ MPa。

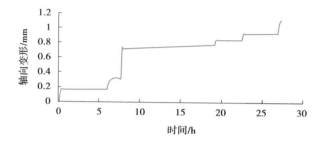

图 2.23　煤层底板岩石蠕变试件 4 轴向变形与时间变化曲线

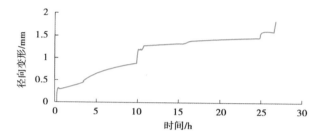

图 2.24　煤层底板岩石蠕变试件 4 径向变形与时间变化曲线

图 2.25　煤层底板岩石试件蠕变试件 4 蠕变试验破坏后状态

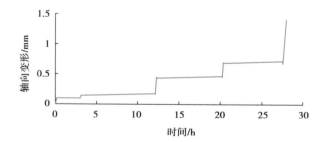

图 2.26　煤层底板岩石蠕变试件 5 轴向变形与时间变化曲线

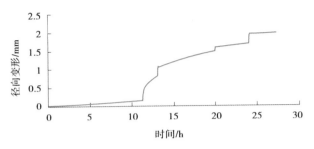

图 2.27　煤层底板岩石蠕变试件 5 径向变形与时间变化曲线

图 2.28　煤层底板岩石试件蠕变试件 5 蠕变试验破坏后状态

（2）有水压条件下

前述的蠕变试验是无水压情况下顶板岩石的蠕变过程。为研究瓦斯压力导致的孔压变化对煤层顶板稳定性的影响，需要研究气固耦合状态下的蠕变试验。但微机控制电液伺服煤岩三轴蠕变机不能充气，因此利用水压形成的孔隙压力完成试验。由于试验过程中水并未从试件渗出，流体未形成渗流，因而认为水压形成的孔压与气体孔压基本一致。从安全和试验条件的角度来考虑，水压是唯一的选择。

表 2.3 给出了有水压作用下的蠕变试验条件，对于煤层顶板试件 6，先将围压与轴压加载到预定荷载 12 MPa，然后增加进口的水压力，稳定 6 h 后封住出水口。第三步按表 2.3 所示的轴向力增加一个轴压梯度，稳定 6 h 后再增加轴向压力到更高一个梯度。图 2.29 所示为试件 6 的破坏形态，试件形成单斜面破坏。图 2.30 及图 2.31 为试件 6 轴向变形和径向变形曲线。试验结果表明，水压对试件的径向变形影响较大，岩石被破坏时径向变形从 0.25 mm 急剧增大到 1.5 mm，而无水压的试件 4 在被破坏时径向变形增长只有 0.4 mm，试件 5 则出现分级变形情况。这表示在煤岩体在破断过程中，流体可缩短其演化过程。

表 2.3　有水压条件下分级加载表

试件编号	轴向力/kN	围压/MPa	水压/MPa	时间/h
	21	12	5	6
	28	12	5	12
6	35	12	5	18
	42	12	5	24
	49	12	5	30
	55.7	12	5	36

图 2.29　煤层底板岩石蠕变试件 6 蠕变试验破坏后状态

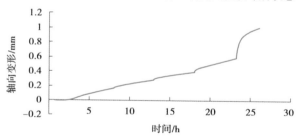

图 2.30　试件 6 在围压 12 MPa、水压 5 MPa 条件下轴向蠕变破坏曲线

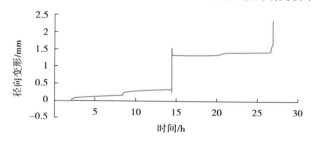

图 2.31　试件 6 在围压 12 MPa、水压 5 MPa 条件下径向蠕变破坏曲线

　　利用 MTS815 岩石力学试验系统测定了煤岩样的单轴与围压三轴强度指标,在 RLW-2000M 微机控制煤岩流变试验机上完成了煤岩样的等压蠕变、卸围压蠕变、梯级加载蠕变试验及不同水压条件下的梯级加载蠕变试验,得到了煤岩样的长期强度指标及其在卸围压作用下的蠕变特征。

　　煤岩体的物理力学特性研究主要就是获取理论分析、数值计算、相似模型所需要的基础数据,因此本书首先对从平煤神马集团现场采集的原煤与岩石样品按国际岩石力学学会标准进行了试验,获得了平煤神马集团己组与戊组煤原煤及顶底板岩石的物理力学特性参数。

3

卸围压煤岩体中瓦斯渗流试验

在进行煤岩体力学试验时,多是在无瓦斯情况下进行的,而采煤现场的煤岩体都处在瓦斯环境中,且瓦斯是处于流动状态的;煤岩体所处的应力状态都在弹性阶段,而在采煤现场,随着采煤工艺和采掘速度的变化,煤岩体有时还会处于屈服阶段或者破坏阶段。为了能够真实全面地反映深部采煤现场煤岩力学特性和瓦斯在煤岩体内的运移规律,利用重庆大学煤矿灾害动力学与控制国家重点试验室自主研发的含瓦斯煤热流固耦合三轴伺服渗流试验装置,开展了含瓦斯煤流固耦合全应力应变渗流试验研究。

3.1 含瓦斯煤岩体加卸载试验

3.1.1 试验设备

制样设备为钻孔机和磨石机,加载设备采用重庆大学自主研发的含瓦斯煤热流固耦合三轴伺服渗流试验装置,测量设备主要是游标卡尺。

含瓦斯煤热流固耦合三轴伺服渗流试验装置可用于含瓦斯煤热流固耦合渗流领域的研究,为进一步深层次揭示煤层瓦斯运移规律和研究煤层瓦斯抽采技术提供试验基础。装置主要由伺服加载系统、三轴压力室、水域恒温系统、孔压控制系统、数据测量系统以及辅助系统等 6 个部分组成(图 3.1)。最大轴压为 100 MPa,最大围压为 10 MPa,最高加热稳定温度为 100 ℃,力值测试精度为示值的 1%,力值控制精度为示值的 ±0.5%(稳压精度),变形测试精度为示值的 ±1%,水域温度控制误差为 ±0.1 ℃,试件尺寸范围为 $\phi 50 \sim (75 \sim 105)\,mm$,装置总体刚度大于 10 GN/m。

该装置具有如下特点:设计有安装导向装置,实现加压活塞杆和支撑轴的精确对位,且避免在加压过程中产生晃动,使得试件受压均匀而稳定,实现伺服液压控制加卸载功能,能进行多种路径的连续加卸载试验;实现面充气,更加贴近现场煤层瓦斯源的实际情况;设计有恒温水域系统,并在水域中安装有循环水泵,加热过程更加均匀;数据测量采用更加稳定灵敏和精确度更高的各类传感器(如美国 Eplison 环向引伸计、北京七星华创质量流量控制器),避免用传统排水法测流量带来的人为误差等;能反映地应力场、温度场、气体等对试件力学和渗透性的综合影响,应力变形、温度和气体流量等数据由计算机自动采集。

图 3.1　含瓦斯煤热流固耦合三轴伺服渗流试验装置

3.1.2　试验步骤

(1)试件安装

为保证气密性,先用 704 硅橡胶将岩样试件侧面抹一层 1 mm 左右的胶层,待抹上的胶层完全干透后,将岩样小心放置于三轴压力室中支撑轴上,用一段比岩样长 40 mm 左右的圆筒热缩管套在岩样上,同时将加压活塞杆放置于岩样上,用电吹风将圆筒热缩管均匀吹紧,以保证圆筒热缩管与岩样侧面接触紧密,然后用金属箍分别箍住试件上下端的圆筒热缩管与支撑轴及加压活塞杆的重合部分,最后将链式径向位移引伸计安装于试件的中部位置,连接好数据传输接线,并装配好导向装置(图 3.2至图 3.5)。

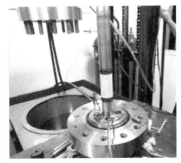

图 3.2　涂抹 704 硅胶　　　　图 3.3　放置岩样

图3.4　吹紧热缩管　　　　　　图3.5　安装链式径向位移引伸计

（2）装机

将三轴压力室上座与下座对好位,紧固螺栓;将瓦斯进气管与加压活塞杆上端进气孔连接好,将瓦斯出气管与流量计连接好;将三轴压力室排空充油;检查各系统是否正常工作(图3.6)。

（3）真空脱气

检查试验容器气密性,打开出气阀门,使用真空泵进行脱气,脱气时间一般为2~3 h,以保证良好的脱气效果。

（4）吸附平衡

脱气后,关闭出气阀门,将三轴压力室降入恒温水箱,设定加热温度,并施加一定的轴压和围压,调节高压甲烷钢瓶出气阀门,保持瓦斯压力一定,向试件内充气。充气时间一般为24 h,使瓦斯充分吸附平衡。

（5）进行试验

启动电脑加载控制程序,按照制订的试验方案进行不同条件下的试验(图3.7)。

图3.6　装机　　　　　　　　图3.7　试验过程

3.1.3　卸围压试验方法

在含瓦斯煤热流固耦合三轴伺服渗流试验装置上,用热缩管将表面涂一层均匀硅胶的煤样密封后,安装环向引伸计,然后将煤样放入三轴压力室,关闭试件出气管阀门。将轴向的万向压头接触煤样,然后加油排空三轴压力室内空气。接着对煤样进行真空处理,用 VP1 型真空泵抽去煤样内的空气,使煤样内气压降至 50 Pa 以下后,按图 3.8 所示加载路径,将轴压 σ_1 和围压 $\sigma_2 = \sigma_3$ 施加到静水压力状态(如试件 2 围压 8 MPa、轴向力 15.4 kN),开通瓦斯进气阀将瓦斯压力加到设计值,并保持瓦斯压力稳定在预定值(如试件 2 瓦斯压力 3 MPa),让煤样充分吸附,待吸附 40 min 后再完成后续试验。

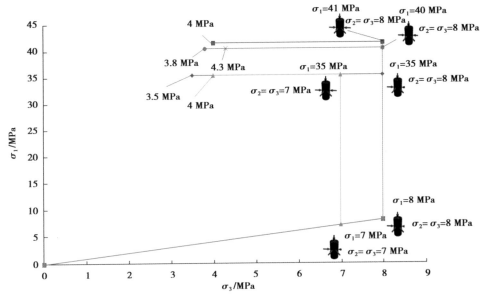

图 3.8　煤岩渗流试验的加卸载应力路径

开通装置底端瓦斯溢流阀,通过瓦斯流量计读取初始瓦斯流量(如试件 2 为 0.094 L/min)。由于在静水压力条件下试件不会发生破断,需要升高轴压,因此按 0.1 kN/s 的加载速度提升轴向力,升到临近强度后将轴压稳定在一定水平,然后按 0.02 MPa/s 的速度卸围压,每卸压 1 MPa 后稳定 10 min 后再继续卸围压直至煤样破坏。

当煤样破坏后,控制方式由力控制转换为位移控制直至煤样的残余强度保持基本稳定,同时通过瓦斯流量计读取瓦斯流量,15 min 后停止试验。在上述加卸载路径下,分别对顶板岩石试件与原煤试件卸围压试验过程中瓦斯的流动规律进行了试验研究。

3.2　卸围压煤岩体孔隙瓦斯渗流规律

含瓦斯煤层可视为含复杂、不规则的固流多相介质,在上覆岩层和压力、构造应力和瓦斯压力的共同作用下处于稳定状态。在煤矿生产中放散出来的煤层气又称为矿井瓦斯,是影响和威胁煤矿正常安全生产的有害气体。瓦斯对煤矿安全作业构成的巨大威胁主要表现在瓦斯积聚超限、煤与瓦斯突出及瓦斯爆炸等方面。在开采过程中,伴随原煤内部原生孔隙裂隙扩展及相互连通,形成贯通面,局部能量大量聚集,原煤处于不稳定状态。当能量突然释放时,就会促发煤矿动力灾害。因此,原煤变形破坏规律和瓦斯渗流规律以及两者之间的相关性是研究煤矿灾害动力学机理的主要问题。

国内外学者对载荷状态煤样的渗透率及其影响因素进行了系统的研究,研究表明影响煤层渗透率的因素十分复杂,渗透率与地质构造、应力状态以及自身内部结构有关。周世宁等建立了煤层瓦斯渗流和煤层渗透率的测试方法,求出了一维煤层瓦斯渗流微分方程的近似分析解;鲜学福等利用真实气体状态方程代替理想气体状态方程推导出煤层瓦斯渗流的微分方程;美国学者奥图奈根据质量、动量及能量传递原理,建立突出时瓦斯的流动模型;等等。

基于以上的研究成果,利用重庆大学自主研发的含瓦斯煤热流固耦合三轴伺服渗流试验装置,对煤岩在卸围压作用下的渗透率进行试验,探讨卸压状态下煤岩变形和渗透率变化之间的相互关系。

3.2.1　试件体积变形

多孔介质的孔隙度是指孔隙体积和多孔介质的总体积之比。从瓦斯流动角度来看,只有相互连通的孔隙才是有意义的,因此下文中提到的孔隙度表示的是有效连通孔隙与多孔介质(煤岩体)总体积之比,即有效孔隙度。

天然状态下的煤层受到上覆岩体重力的作用,设作用在煤体上的应力为 σ , σ 增大,则会引起煤体压缩,与瓦斯压缩系数 $\beta = -\dfrac{1}{V}\dfrac{\mathrm{d}V}{\mathrm{d}p}$ 类似,煤体压缩系数 α 的表达式为:

$$\alpha = -\frac{1}{V_{\mathrm{b}}}\frac{\mathrm{d}V_{\mathrm{b}}}{\mathrm{d}\sigma}$$

式中, $V_{\mathrm{b}} = V_s + V_v$ 为煤体总体积, V_s 为煤体中固体骨架体积, V_v 为煤体中孔隙的体积,因此有:

$$\alpha = -\frac{1}{V_\text{b}}\frac{\text{d}V_\text{s}}{\text{d}\sigma} - \frac{1}{V_\text{b}}\frac{\text{d}V_\text{v}}{\text{d}\sigma} = -\frac{1-n}{V_\text{s}}\frac{\text{d}V_\text{s}}{\text{d}\sigma} - \frac{n}{V_\text{v}}\frac{\text{d}V_\text{v}}{\text{d}\sigma}$$

式中，n 为孔隙度，由于煤体中固体骨架本身压缩性很小，因此：

$$\alpha = -n\frac{1}{V_\text{v}} \cdot \frac{\text{d}V_\text{v}}{\text{d}\sigma} = -\frac{1}{V_\text{b}}\frac{\text{d}V_\text{v}}{\text{d}\sigma}$$

设流过原煤试件断面的流量为 Q，原煤试件断面积为 A，则瓦斯渗流速度为：

$$\upsilon = \frac{Q}{A}$$

$$\upsilon = \frac{(\Delta V_\text{v})_0}{\Delta V_0}\frac{1}{(\Delta V_\text{v})_0}\int_{(\Delta V_\text{v})_0} u\text{d}V_\text{v} = n \cdot \bar{u}$$

式中，$\bar{u}$ 为孔隙中的平均流速，n 为煤体孔隙度。

试验结果中，试件在初期受力作用下，体积被压缩，渗透率下降；当煤岩试件中的孔裂隙被压实后，体积变化率保持不变，到达应力差极限时试件破坏，体积变化率急剧增大，渗透率随之急剧增加(图 3.9)。煤岩试件在破坏之前处于孔隙渗流状态，而试件达到破坏点后出现宏观裂隙，瓦斯在试件中的渗流即变成裂隙流动，因此渗透率急剧增大。

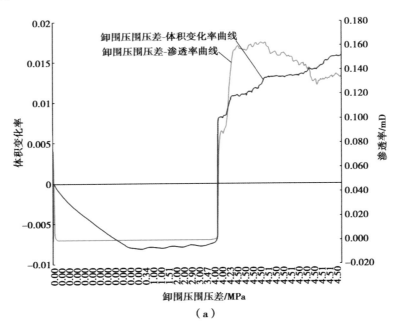

（a）

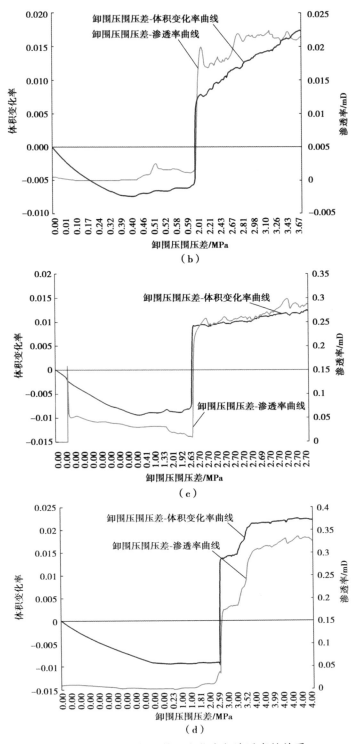

图 3.9　不同试件的体积变化率与渗透率的关系

3.2.2 原煤试件卸围压试验前扫描电镜观测

扫描电镜是一种新型的电子光学仪器,它具有制样简单、放大倍数可调范围宽、图像分辨率高、景深大等特点。数十年来,扫描电镜已广泛地应用在地学、生物学、医学、冶金学等学科领域中,促进了各有关学科的发展。它利用极细的电子束在样品表面扫描,将产生的二次电子用特制的探测器收集,形成电信号运送到显像管,在荧光屏上显示物体,且表面的立体构像可摄制成照片。因此,利用扫描电镜可以非常直观准确地观察煤样的裂隙分布。

试验针对从现场所取的原煤样,在重庆大学材料学院中心试验室进行了扫描电镜测试,对煤样从 361 μm×361 μm 到 14.4 μm×14.4 μm 的视场尺度进行了微观结构对比,放大倍数为 400×、1 000×、2 000×和 5 000×等 4 个不同的放大倍数。

从不同尺度下的照片对比分析,可观测到现场所取得的原煤样的微观裂隙数量较少,少量的裂缝与裂缝之间的连通关系也比较弱(图 3.10 至图 3.12)。在扫描电镜下观测到煤样含有少量黏土矿物,黏土矿物具有遇水膨胀的特性,会堵塞瓦斯流动的通道。因此,根据扫描电镜观测结果可推测煤体在未受采动影响前的完整性较好,瓦斯在原始煤体中的渗透性较差,属低渗煤层。

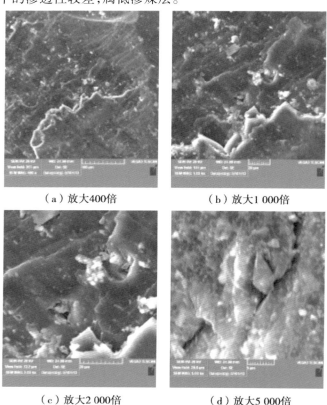

（a）放大400倍　　　　　　　　（b）放大1 000倍

（c）放大2 000倍　　　　　　　　（d）放大5 000倍

图 3.10　1 号煤样细观结构

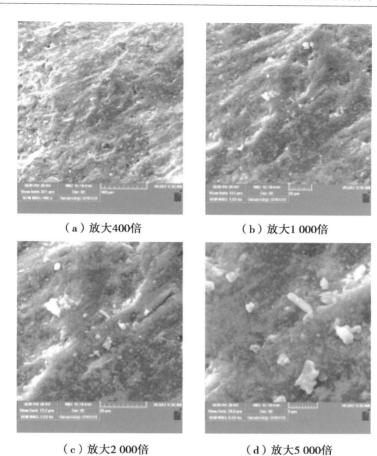

（a）放大400倍　　　　　　　　（b）放大1 000倍

（c）放大2 000倍　　　　　　　　（d）放大5 000倍

图 3.11　2 号煤样细观结构

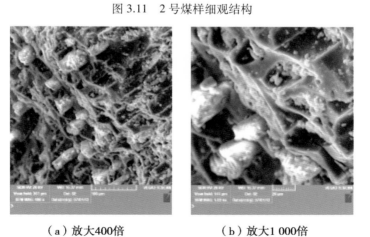

（a）放大400倍　　　　　　　　（b）放大1 000倍

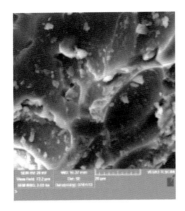 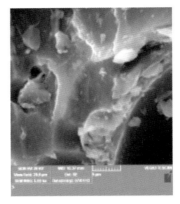

（c）放大2 000倍　　　　　　　　（d）放大5 000倍

图 3.12　3 号煤样细观结构

3.2.3　原煤试件孔隙流的渗透性

瓦斯在煤层中渗流仍符合达西定律：

$$q_x = -K_x \frac{\partial \phi}{\partial x}$$

$$q_y = -K_y \frac{\partial \phi}{\partial y} \qquad\qquad (3.1)$$

$$q_z = -K_z \frac{\partial \phi}{\partial z}$$

式(3.1)中，K_x、K_y、K_z 分别为煤层瓦斯渗透系数分量，ϕ 为势。对于气体，$\phi \approx \dfrac{p}{\rho g}$，$p$ 为瓦斯压力，ρ 为瓦斯密度，因此有：

$$q_x = -\frac{K_x}{\rho g} \frac{\partial p}{\partial x}$$

$$q_y = -\frac{K_y}{\rho g} \frac{\partial p}{\partial y} \qquad\qquad (3.2)$$

$$q_z = -\frac{K_z}{\rho g} \frac{\partial p}{\partial z}$$

渗透系数张量的通式为：

$$\left. \begin{aligned} v_x &= -K_{xx} \frac{\partial P}{\partial x} - K_{xy} \frac{\partial P}{\partial y} - K_{xz} \frac{\partial P}{\partial z} \\ v_y &= -K_{yx} \frac{\partial P}{\partial x} - K_{yy} \frac{\partial P}{\partial y} - K_{yz} \frac{\partial P}{\partial z} \\ v_z &= -K_{zx} \frac{\partial P}{\partial x} - K_{zy} \frac{\partial P}{\partial y} - K_{zz} \frac{\partial P}{\partial z} \end{aligned} \right\} \qquad (3.3)$$

虽然在各向异性介质中的压力梯度和渗流速度的方向不一致,但在 3 个方向上相互正交,这 3 个方向是主方向,因此采用水平煤层中 x、y、z 3 个方向与渗透系数张量的主方向平行,渗透系数张量为:

$$K = \begin{bmatrix} K_{xx} & 0 & 0 \\ 0 & K_{yy} & 0 \\ 0 & 0 & K_{zz} \end{bmatrix} \tag{3.4}$$

$$\left. \begin{aligned} v_x &= - K_{xx} \frac{\partial P}{\partial x} \\ v_y &= - K_{yy} \frac{\partial P}{\partial y} \\ v_z &= - K_{zz} \frac{\partial P}{\partial z} \end{aligned} \right\} \tag{3.5}$$

试验室内的含瓦斯煤围压三轴试验中煤样的流速为:

$$v_z = - K_{zz} \frac{\partial P}{\partial z}$$

煤岩轴向应变按 $\varepsilon_h = \Delta L / L_0$ 计算,径向应变按 $\varepsilon_h = \Delta C / (\pi D)$ 计算,渗透率按式(3.6)计算:

$$k = \frac{2Qp_0\mu l}{(p_1^2 - p_2^2)A} \tag{3.6}$$

式中　　k ——渗透率,mD;

　　　　Q ——流量,L/min;

　　　　μ ——动力学黏度,瓦斯取 1.08×10^{-5} Pa·s;

　　　　p_0 ——大气压,取 101 325 Pa;

　　　　p_1、p_2——进出气口压力,Pa;

　　　　A ——端面面积,m^2。

原煤样的卸围压试验主要集中在初始压力 7 MPa、8 MPa 和 9 MPa 3 种初始围压条件下,表 3.1 列出原煤渗流试验部分成果。从表中的结果分析,各个原煤样的初始瓦斯流量均较小,表中还列出了通过初始流量并根据达西定律计算出的渗透系数。

图 3.13 所示为卸围压原煤试件应变与渗透率的关系曲线。

表 3.1　卸围压原煤试件渗流试验结果

编　号	初始围压/MPa	瓦斯压力/MPa	初始流量/(L·min⁻¹)	渗透系数/(m·min⁻¹)
6	7	3	0.091	0.016 3
7	7	4	0.092	0.012 3
13	7	4	0.004	0.000 5
16	7	3	0.007	0.001 3

续表

编　号	初始围压/MPa	瓦斯压力/MPa	初始流量/(L·min⁻¹)	渗透系数/(m·min⁻¹)
2	8	3	0.094	0.016 9
3	8	4	0.092	0.012 3
8	8	4.5	0.096	0.011 3
14	8	4	0.002	0.000 3
17	8	3	0.004	0.000 7
4	9	3	0.088	0.015 8
5	9	4	0.092	0.012 3
9	9	4.5	0.060	0.007 1

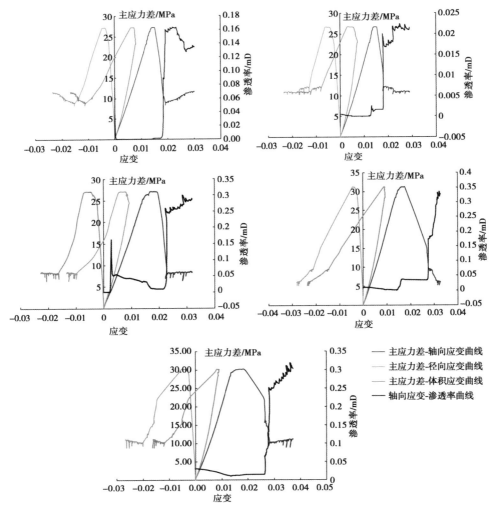

图 3.13　卸围压原煤试件应变与渗透率的关系曲线

3.3 卸围压煤岩体裂隙瓦斯渗流规律

3.3.1 试验结果

为研究瓦斯在覆岩裂隙中的流动现象,并且需要在试验室测得不同压力状态下岩体的渗透性,因此对现场取得的岩石样品进行卸围压试验,同时测定其渗透能力。

表3.2所示为试验设备提供的初始围压,受到试验设备的限制围压主要为7 MPa、8 MPa、9 MPa 3种情况,瓦斯压力为3.5 MPa、4 MPa、5 MPa。

表 3.2 试件参数及试验条件

试件编号	试件尺寸		围压/MPa	瓦斯压力/MPa
	直径 D /mm	长度 L /mm		
灰岩 1	47.21	102.35	8	4
灰岩 2	47.33	100.47	9	4
灰岩 3	47.24	102.6	8	5
砂岩 1	48.8	98	7	3.5
砂岩 2	48.8	101.5	9	3.5
砂岩 3	48.8	101.2	9	3.5
砂岩 4	48.7	100.4	8	3.5
砂岩 5	48.8	101.1	9	3.5

图3.14至图3.16所示为灰岩1、灰岩2、灰岩3三轴压缩试验破坏后状态及渗透率曲线。

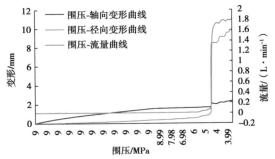

图 3.14 灰岩 1 三轴压缩试验破坏后状态及渗透率曲线

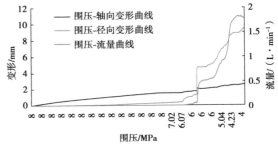

图 3.15　灰岩 2 三轴压缩试验破坏后状态及渗透率曲线

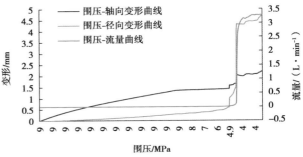

图 3.16　灰岩 3 三轴压缩试验破坏后状态及渗透率曲线

3.3.2　煤岩体试件卸围压试验裂隙细观结构

根据原煤样的加卸载试验结果,从围压与瓦斯流量关系图及表 3.2 分析,当围压卸至某一水平后,瓦斯流量按两个数量级的速度急剧上升,表明卸围压作用导致煤体中出现了宏观裂隙。为了研究宏观裂隙发育状态,在重庆大学 ICT 中心对加卸载试验研究完成后的原煤样进行了工业 CT 扫描,以期从细观角度在未扰动状态下查明试件内部裂隙发育情况。

自从 20 世纪 80 年代后期医用 CT 和工业 CT 应用于岩石的破坏过程观测以来,CT 设备的分辨率不断提高,成像时间也不断缩短,因此获得了高质量的岩石 CT 图像。直观的 CT 图像分析是最初始的分析方法。岩石 CT 的最大优势在于对于 CT 尺度岩石结构和裂纹演化过程的观测,迄今为止,直观的 CT 图像分析始终是进一步 CT 分析的基础。但基于灰度变化的传统 CT 图像分析方法本质上是定性分析方法,同时由于人眼分辨灰度能力的限制,在图像变化很小时将感觉不出来,这就降低了 CT 的使用价值。

岩石细观力学试验的目的是观测岩石受力后内部结构的变化,因此需要对样品同一层位不同应力状态下的多幅 CT 图像进行比较,得出细观结构的演化结果。岩石内部一定区域微空洞、微裂纹的活动必然引起该区域 CT 图像中灰度(密度)CT 数的变化。反之,岩石内部一定区域密度的异常变化反映本区域微空洞、微缺陷活动的集合效应,这就是 CT 图像进行岩石细观裂纹观测的原理。

图 3.17 至图 3.24 是典型原煤试件试验前的状态及加卸载试验完成后的 CT 断层扫描图像。CT 图中的白色部分即为原煤试件内部出现的宏观裂隙,灰度差可以通过图像处理方法确定其连通程度。从 CT 扫描图像分析,煤岩试件在三轴卸围压条件下主要出现单斜剪切破坏。

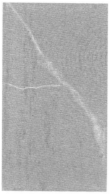

图 3.17　原煤试件 2 及纵向 CT 剖面

图 3.18　原煤试件 3 及纵向 CT 剖面

图 3.19　原煤试件 13 及纵向 CT 剖面

图 3.20　原煤试件 17 及纵向 CT 剖面

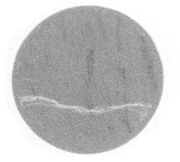

图 3.21　原煤试件 2 及横向 CT 剖面

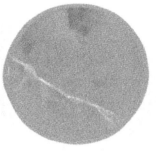

图 3.22　原煤试件 3 及横向 CT 剖面

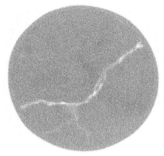

图 3.23　原煤试件 13 及横向 CT 剖面

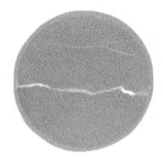

图 3.24　原煤试件 17 及横向 CT 剖面

3.3.3　卸围压煤岩体裂隙连通性演化规律

岩体内有一张开裂隙,裂隙的开度为 e ,假设流体的流动为稳态层流,流速不随时间变化。对于裂隙内沿 x 方向流动的流体,其流速只有一个非零的分量 u_x ,而且 u_x 仅与 z 坐标有关,与 x 和 y 无关,故有:

$$\frac{\partial u_x}{\partial x} = \frac{\partial u_y}{\partial y} = 0$$

可得裂隙流的运动微分方程组:

$$\frac{\partial p}{\partial x} = \mu \frac{\partial^2 u_x}{\partial z^2}$$

$$\frac{\partial p}{\partial x} = 0 \tag{3.7}$$

$$\frac{\partial p}{\partial y} = 0$$

对于一段长 L、宽 b 的裂隙，压强 p 仅与坐标 x 有关，方程(3.7)左端仅与 x 有关，右端仅与坐标 z 有关。两边恒等的必要条件是都等于一个常数，设该常数为 C，则方程(3.7)相当于以下两个方程：

$$\frac{\partial p}{\partial x} = \frac{\mathrm{d}p}{\mathrm{d}x} = C \tag{3.8}$$

$$\mu \frac{\mathrm{d}^2 u_x}{\mathrm{d}z^2} = C \tag{3.9}$$

分别积分后得到：

$$p = Cx + C' \tag{3.10}$$

$$u_x = \frac{1}{\mu} C \frac{z^2}{2} + C''z + C''' \tag{3.11}$$

其中，C'、C'' 和 C''' 为积为常数。根据边界条件可得：

$$u_x = \frac{1}{2\mu} \frac{P_L - P_0}{L} (z^2 - ez) \tag{3.12}$$

式中，P_0 为裂隙入口流体压力，P_L 为裂隙出口流体压力。根据裂隙流中流速沿裂隙开度呈二次抛物线形状分布，则平行于裂隙面的平均流速为：

$$u = \frac{1}{e} \int_0^e u_x \mathrm{d}z = \frac{e^2}{12\mu} \frac{P_0 - P_L}{L} \tag{3.13}$$

裂隙宽度 b 范围内的流量 q 为：

$$q = beu = b \frac{e^3}{12\mu} \frac{P_0 - P_L}{L} \tag{3.14}$$

根据 CT 扫描成果，卸围压达到 $\sigma_1 - \sigma_3$ 的峰值强度后，大部分原煤试件内部形成单斜破坏的裂隙面，该裂隙面的剪切破坏使原煤样出现整体破坏。这种裂隙面属于互相咬合的接触面，面内隙宽大小不一，张开度变化较大。因此，可以假定一个有效张开度 e' 来模拟流体在裂隙中的流动，则有：

$$e' = \left(q \cdot \frac{12\mu}{b} \frac{L}{p_0 - p_L} \right)^{\frac{1}{3}} \tag{3.15}$$

式中，e' 为有效张开度，μ 为动力黏度系数 $1.08 \times 10^{-5} \mathrm{Pa \cdot s}$，$q$ 为流量，P_L 为大气压 $0.101\,325\,\mathrm{MPa}$。

由式(3.13)，根据达西定律流速与渗透系数的关系可知，平行于裂隙扩展方向的

渗透率 k 和渗透系数 K 为：

$$k = \frac{e'^2}{12}, K = \frac{\rho g e'^2}{12\mu} \tag{3.16}$$

将式(3.15)代入渗透率 k，则有：

$$k = \frac{1}{12}\left(q \cdot \frac{12\mu}{b} \frac{L}{P_0 - P_L}\right)^{\frac{2}{3}} \tag{3.17}$$

由试件 2 试验结果可知，动力黏度系数 $\mu = 1.08 \times 10^{-5}$ Pa·s，$b = 50$ mm，$L =$ 100 mm，$P_0 = 3$ MPa，$P_L = 0.101\,325$ MPa，$q = 0.74$ L/min $= \dfrac{0.000\,74}{60}$ m³/s $= 1.23 \times 10^{-5}$ m³/s。

将上述各值代入式(3.17)中，即可得出裂隙的渗透系数。同理，可计算出其他围压状态时的裂隙渗透率，试件卸围压变化过程中裂隙的渗透率变化规律如图 3.25 至图 3.29所示。其中，渗透率即利用前述理论公式通过表 3.3 中试验结果计算得出的。

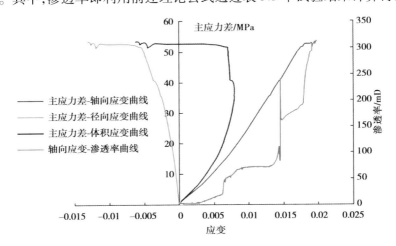

图 3.25　试件 1 岩样卸围压变化过程的渗透率变化规律

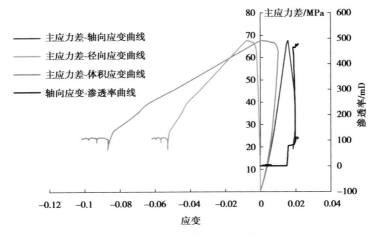

图 3.26　试件 2 岩样主应力差及渗透率

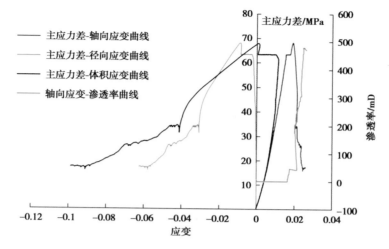

图 3.27　试件 3 岩样主应力差及渗透率

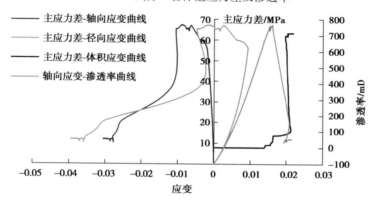

图 3.28　试件 4 岩样主应力差及渗透率

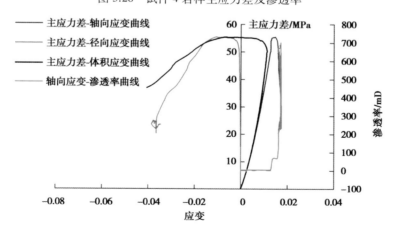

图 3.29　试件 5 岩样主应力差及渗透率

表 3.3   部分煤岩样加卸载试验成果

编号	初始轴力 /kN	最大轴力 /kN	初始围压 /MPa	卸围压速度 /(MPa·s⁻¹)	终止围压 /MPa	瓦斯压力 /MPa	峰后流量 /(L·min⁻¹)
2	15.4	60	8	0.02	4	3	0.800
3	15.5	60	8	0.02	4.2	4	0.284
4	17.46	100	9	0.02	5	3	0.970
5	17.39	80	9	0.02	6	4	0.390
6	13.58	80	7	0.02	6	3	0.390
7	13.4	65	7	0.02	6	4	2.150
8	15.4	70	8	0.02	7	4.5	3.925
9	17.32	70	9	0.02	4.8	4.5	0.239
13	13.42	60	7	0.02	4.3	4	2.540
14	15.4	70	8	0.02	6.2	4	2.72
16	13.47	30	7	0.02	3.3	3	2.276
17	15.4	70	8	0.02	5.1	3	1.6

为了研究煤岩试件在加卸载及断裂过程中的瓦斯渗流状态,采用流固耦合分析方法对其进行了模拟,模拟条件与表 3.3 加载路径相同。图 3.30(a)所示为静水压力条件下,试验件中的瓦斯均匀分布,流量很小;图 3.30(b)所示为卸围压后试件临近破坏点的径向变形图;图 3.30(c)所示为试件中出现了宏观剪切带,此时剪切带上的流量急剧增大,而煤岩基质中的渗流比静水压力状态时还要小;图 3.30(d)所示为试件中的流场分布状态。

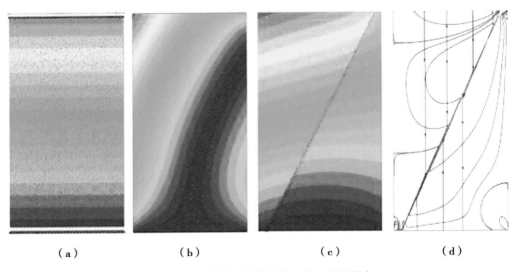

（a）　　　　　　（b）　　　　　　（c）　　　　　　（d）

图 3.30   卸围压试件渗透率与径向变形耦合

试件卸压变形过程中的应力-应变、应变-渗透率变化曲线如图 3.25 至图 3.29 所示。在卸围压状态过程中,随着围压降低,煤岩渗透率变化呈现阶段性特点。由图 3.30(a)、(b)、(c)可得出,渗透率的变化趋势可以分为以下 3 个阶段,即阶段Ⅰ——渗流减小阶段、阶段Ⅱ——稳定渗流阶段、阶段Ⅲ——加速渗流阶段。

①阶段Ⅰ:即加载轴向力至 65 kN 时,试件原生孔隙裂隙被压密,渗透率随压密程度增加而减小,此阶段随轴向应力的增加,渗透率减小较快;当轴向力加载到 65 kN 时,渗透率为最小。

②阶段Ⅱ:稳定渗流阶段,阶段Ⅱ时开始卸围压,此阶段渗透率先少量增加后处于稳定状态。卸围压初期,试件未发生破断,随着继续压缩,试件原生裂隙继续被压密。与此同时,局部产生新裂隙,压密作用未能抵消新裂隙的扩张作用,但次生裂隙只是相互连接,未形成宏观裂隙,因此流量出现少量增加现象,此时轴向压力仍然为 65 kN。继续卸围压时,由于试件产生宏观裂隙,试件的三轴抗压强度降低,此阶段原有孔隙裂隙一部分继续被压密,在压密过程中又产生了新裂隙,此时新裂隙产生到一定数量彼此相互连接,两种作用相互抵消,因此流量处于稳定状态。

③阶段Ⅲ:加速渗流阶段,即破坏后阶段,此阶段试件随着卸围压作用继续进行,试件发生破断,轴向力瞬间降低,流量突然增大,原生裂隙由压密转为剧烈扩张,次生的宏观裂隙扩展,连接并相互贯通,试件形成较大的贯通裂隙,渗透率达到最大(图3.31)。

图 3.31 部分试件破断后照片

三轴抗压强度为试件在卸围压过程中的峰值强度。随着瓦斯压力增加,煤样的抗压强度降低,煤样破坏后强度逐渐增加,表明原煤试样破坏后还有一定承载力;渗透率呈现先减小后稳定、最后急剧增加的趋势,当开始卸围压时渗透率最小,这与国内外大多数关于试验的参考文献结论大体一致。

根据强度-时间曲线,可将试验曲线分为 3 个阶段:峰前阶段(第Ⅰ阶段)、微裂隙发展阶段(第Ⅱ阶段)、裂隙贯通阶段(第Ⅲ阶段)。

①峰前阶段:岩样被压密原有张开性结构面或微裂隙闭合,径向变形较小,轴向变形较大,试件体积随荷载增加而减小。

②微裂隙发展阶段:岩样出现新的微裂隙,试件体积出现扩容。

③裂隙贯通阶段:裂隙快速发展,交叉且相互联合形成宏观断裂面,岩块变形主要表现为沿宏观断裂面的块体滑移,试件承载力随变形增大迅速下降,但由于破断煤岩仍有一定承载力,所以强度并不降为零。

由原煤及岩样的渗透率曲线可知:

①第Ⅰ阶段(渗透率下降阶段),试件在初期受力作用下,体积被压缩,渗透率下降,不考虑吸附效应且由于压力作用裂隙被压密,所以初始阶段渗透率下降。此阶段瓦斯渗流特性表现为孔隙流动。

②第Ⅱ阶段(渗透率稳定变化阶段),渗透率趋于稳定,其原因是部分裂隙继续压缩而部分原生微裂隙开始扩展,两种效应此消彼长,使得渗透率稳定变化,并开始少量增加。此阶段瓦斯渗流特性表现为孔隙流动。

③第Ⅲ阶段(渗透率急剧增大阶段),应力降至约峰值应力的75%时,渗透率变化开始急剧增大,岩样裂隙网络的连通性增强,煤岩样中出现宏观裂隙,瓦斯进入加速渗流阶段,渗透率急剧增大。此阶段瓦斯渗流特性表现为裂隙流动。

4

基于三维激光扫描仪的相似模型试验

为研究已组煤层开采对戊$_{9-10}$煤层的影响效应及规律,基于平煤神马集团十矿戊$_{9-10}$煤层与平煤神马集团十二矿己$_{15}$-17200采煤工作面的分布特点,进行了相似模拟试验研究。基于平煤神马集团十矿煤岩赋存情况,按照不同相似比,对现场煤层开采引起煤岩体变形情况进行模拟,以期通过各种先进的测量手段得到其变形与破断规律。

4.1 试验原理

4.1.1 相似模型试验

相似模型试验是以相似理论、相似准则为基础、因次分析为手段的试验室模拟试验技术,是利用事物或现象间存在的相似和类似等特征来研究自然规律的一种方法。其通过建立相似物理模型,观测研究难以用数学描述的系统特性以及原型系统与模拟系统之间的相似特性。

相似模拟试验具有条件容易控制、破坏形式直观、试验周期短、可重复试验等特点,适用于那些难以用理论分析方法获得结果的研究领域,是一种用于对理论研究结果进行分析比较的有效手段。

相似模型试验是以相似理论为基础,用与研究对象各个煤层及岩层力学性质相似的人工材料,将矿山岩层以一定的相似比缩小制作成模型,然后在模型中模拟地下煤层开采,观测在采动影响下的应力应变规律及煤岩体破断规律,进而根据模型中的试验现象分析,推测实际地层可能发生的破断状态。

4.1.2　相似理论

相似,是指原型系统和模型系统中相对应的各点及在时间上对应的各瞬间的一切物理量成比例。相似理论,是从现象发生和发展的内部规律性(数理方程)和外部条件(定解条件)出发,以这些数理方程所固有的在量纲上的齐次性以及数理方程的正确性不受测量单位制选择的影响等为大前提,通过线性变换等数学演绎手段而得到结论。

相似理论具有高度的抽象性与宽广的应用性相结合的特点,用它可以指导试验的根本布局问题,为模型试验提供指导,确定尺度的缩小比例、参数的提高或降低、介质性能的改变等,目的在于以最低的成本和在最短的运转周期内研究出所研究模型的内部规律性。

相似理论具有严谨的逻辑结构,其主要是建立在相似三定理的基础之上。与此同时,相似三定理也同样为我们明确了相似研究的方法与途径。

(1)相似第一定理

两个相似的物理现象应属于同一类物理现象,它们都用相同的数学物理方程描述。物理现象的几何条件、物性条件、边界条件、初始条件都必定是相似的。在空间及时间对应点上,诸物理量各自互成一定的比例,同时这些物理量又必须满足同一微分方程组。因此,各物理量的比例系数(相似比)不是任意的,而是彼此制约的。彼此相似的物理现象必须服从同样的客观规律,若该规律能用方程表示,则物理方程式必须完全相同,而且对应的相似准则必定数值相等。值得注意的是,一个物理现象中在不同的时刻和不同的空间位置相似准则具有不同的数值,而彼此相似的物理现象在对应时间和对应点则有数值相等的相似准则,因此,相似准则不是常数。

对于两个相似的力学系统,在任何一个力学过程中,它们相对应的尺寸、时间、力和质量等基本物理量应当有几何相似、动力相似和运动相似。

①几何相似。模型(下标 m 表示)与原型(下标 p 表示)相对应的空间尺寸成一定的比例,即:

$$L_m/L_p = C_1 \tag{4.1}$$

②运动相似。模型与原型中对应点沿相似轨迹运动走过几何相似的路程所用的时间成比例,即:

$$T_m/T_p = C_t \tag{4.2}$$

③动力相似。模型与原型对应时刻所受的力互成一定的比例,即:

$$F_m/F_p = M_m A_m/M_p A_p = C_F \tag{4.3}$$

在重力和内部应力作用下,煤岩变形和破坏过程中的主导相似准则为:

$$R_m C_m L_m = R_p C_p L_p \tag{4.4}$$

以上各式中,C 为相似常数;L_p、T_p、F_p、M_p、A_p、R_p、C_p 分别为原型几何尺寸、时间、作用力、质量、加速度、应力、容重;L_m、T_m、F_m、M_m、A_m、R_m、C_m 分别为模型几何尺寸、时间、作用力、质量、加速度、应力、容重。

（2）相似第二定理

两个物理现象相似,必定是同一类物理现象。因此,描述物理现象的微分方程组必定相同,这是现象相似的第一个必要条件。单值条件相似是物理现象相似的第二个必要条件。由于服从同一微分方程组的同类现象有许多,单值条件可以将研究对象从无数多现象中单一地区分出来,数学上则是使微分方程组有唯一解的定解条件。单值条件中的物理量所组成的相似准则相等是现象相似的第三个必要条件。

（3）相似第三定理

单值条件是为了把个别现象从同类物理现象中区别出来,所要满足的条件称为单值条件,单值条件具体有:

①几何条件:说明进行该过程的物体的形状和尺寸。

②物理条件:说明物体及介质的物理性质。

③边界条件:说明物理表面所受的外力,给定的位移及温度等。

④初始条件:现象开始产生时,物体表面某些部分所给定的位移和速度以及物体内部的初应力和初应变等。

⑤时间条件:说明进行该过程在时间上的特点。

地下工程在自重作用下的弹性力学模型所需确定的相似比有:几何相似比 C_l、容重相似比 C_γ、应力相似比 C_σ、应变相似比 C_ε、弹模相似比 C_E、泊松比相似比 C_μ、位移相似比 C_δ。根据相似条件,各相似比之间有如下关系:

$$\frac{C_\sigma}{C_l C_\gamma} = 1, C_E = C_\sigma, C_E = C_\mu = 1, C_\delta = C_l \tag{4.5}$$

对于初始条件和边界条件相似的模型与原型,在岩体结构、力学性质以及边界条件上应尽可能相似。相似材料模拟试验要达到准确定量的程度,目前的试验手段还有一定差距,因为它涉及的因素较多,如选用材料、材料配比、比例尺寸、温度、湿度、加载方式、时间和传感器灵敏度等。

4.1.3　相似准则

相似研究的对象往往涉及众多的物理量,其中许多物理量又存在相互制约的关系。为了简化试验设计,同时透过繁杂的物理量群找到具有决定性因素的基本量,相似准则应运而生。两种现象相似的充分条件是参与现象的各个物理量组成的所有独立的无量纲量数值各自相等,这称为相似准则。

4.1.4 量纲分析

若物理方程 $f(x_1, x_2, \ldots, x_p) = 0$ 共含有 p 个物理量,其中有 r 个基本量,并且保持量纲的和谐性,则这个物理方程可简化为 $F = (\pi_1, \pi_2, \ldots, \pi_{p-r} = 0)$,式中 $\pi_1, \pi_2, \ldots, \pi_{p-r}$ 是由方程中的物理量所构成的无量纲积,即相似判据。

所研究的现象中,若还未找到描述它的方程,但知道决定其意义的物理量,可以通过量纲分析运用 π 定律来确定相似判据,从而为建立模型与原型之间的相似关系提供依据。

4.2 相似模拟试验的模型制作

试验前,应仔细检查试验模型架框架完好情况,注意螺栓松紧以确保试验安全,同时清理好试验架及挡板。在挡板与模型接触面上涂抹凡士林,并铺设保鲜膜以防止拆板时与模型胶结。

准备好电子秤、手持小型电动搅拌机、模型材料、胶桶、量筒、手套等试验所需器材。安装模型试验架后方挡板,检查并确定安全后在挡板上绘制模型试验剖面图。根据模型剖面面积及耗材计算表上对各挡板上各岩层所需要模型材料的计算,称量所需材料,桶装后转交给材料混合搅拌人员。

取称量好的硼砂溶于水中,搅拌至其完全溶解,桶装后转交给搅拌人员。搅拌人员利用小型手持电动搅拌机将模型材料与配比的水溶液混合并搅拌均匀,迅速转交于模型堆砌人员。堆砌人员将混合好的模型材料堆砌上架,捣实并抹平表面。若遇岩层分层则涂抹少量云母以做标记,若遇应力测点则布置应力传感器。

每完成一块挡板的模型堆砌工作,上试验架前挡板,继续重复上一挡板的模型堆砌工作。模型堆砌完毕后清理模型制作现场。

模型干燥后,取下试验架前后挡板,清理打磨模型前后表面,在打磨后的模型表面绘制模型试验剖面图及位移测点图。

布置好全站仪与三维激光扫描仪,开始开挖前的初始测量,记录测量数据。根据开采方案,开挖模型,每开挖一步都必须用三维激光扫描仪进行一次扫描。

4.3 各分层材料用量

进行相似材料配比,以确定材料相似强度,并通过相似配比确定所需材料的质量等。

$$Q_i = L \times b \times m_i \times \gamma_i \times k \tag{4.6}$$

式中　Q_i——分层材料总用量,kg;

　　　L——模型架长度,m;

　　　b——模型架宽度,m;

　　　m_i——模型分层厚度,m;

　　　γ_i——材料容重,kg/m^3;

　　　k——材料损失系数。

由配比确定各分层中材料的用量,砂子:碳酸钙:石膏=$A:B:(10-B)$。

$$砂:w_{砂}=\frac{A}{A+1}Q_i \tag{4.7}$$

$$碳酸钙:w_{碳酸钙}=\frac{10-B}{10(A+1)}Q_i \tag{4.8}$$

$$石膏:w_{石膏}=\frac{B}{10(A+1)}Q_i \tag{4.9}$$

根据平煤神马集团十矿综合柱状图,可知试验主要研究的煤岩体各层岩性及厚度,并进行一定的简化,得到相似模拟试验各层材料配比表(表4.1)。

表4.1　各层材料配比表(1:400)

序号	岩层名称	实际厚度/m	模型厚度/m	抗压强度/MPa	配比(砂:膏:钙)
1	中至粗砂岩	309.4	0.773 5	70.6	5:06:04
2	泥岩及砂质泥岩	3.6	0.009	42.4	8:07:03
3	煤	4	0.01	21	10:06:04
4	砂质泥岩	5	0.012 5	42.4	8:07:03
5	中至粗砂岩	83.1	0.207 75	70.6	5:06:04
6	泥岩	5.4	0.013 5	39	9:07:03
7	煤	10.5	0.026 25	21	10:06:04
8	泥岩及砂质泥岩	7.1	0.017 75	42.4	8:07:03
9	砂质泥岩	3.77	0.009 425	42.4	7:07:03
10	中至粗砂岩	175	0.437 5	70.6	5:06:04
11	砂质泥岩	5.94	0.014 85	42.4	8:07:03
12	泥岩	2.43	0.006 075	39	9:07:03
13	煤	4	0.01	21	10:06:04
14	砂质泥岩及细砂岩	11	0.027 5	49.7	7:07:03
15	煤	2	0.005	21	10:06:04

4.4 三维激光扫描仪测试工作原理

相似模型试验变形及裂隙扩展规律的测量采用重庆大学最新引进的三维激光扫描测试系统,下面将对此系统进行介绍。

三维激光扫描技术是近年发展起来的一门新技术,被誉为继 GPS 技术以来测绘领域的又一次技术革命。该技术作为获取空间数据的有效手段,以其快速、精确、无接触测量等优势在众多领域发挥着越来越重要的作用。随着科学技术的创新,推动了各个领域工作新方法的开展。就某种程度上而言,传统的地质调查方法费时、费力,同时存在调查人员的人身安全问题,并且有时难以获得令人满意的结果。结合三维激光扫描的技术优势,将其应用到岩土、地质工程领域中,作为传统的地质调查方法的有益补充,具有重要的理论与现实意义。

三维激光扫描技术又被称为实景复制技术,是测绘领域继 GPS 技术之后的一次技术革命。它突破了传统的单点测量方法,具有高效率、高精度的独特优势。三维激光扫描技术能够提供扫描物体表面的三维点云数据,因此可以用于获取高精度高分辨率的数字地形模型。它是利用激光测距的原理,通过记录被测物体表面大量密集的点的三维坐标、反射率和纹理等信息,可快速复建出被测目标的三维模型及线、面、体等各种图件数据。由于三维激光扫描系统可以密集地大量获取目标对象的数据点,因此相对于传统的单点测量,三维激光扫描技术也被称为从单点测量进化到面测量的革命性技术突破。

作为新的高科技产品,三维激光扫描仪已经成功地在文物保护、城市建筑测量、地形测绘、采矿业、变形监测、工厂、大型结构、管道设计、飞机船舶制造、公路铁路建设、隧道工程、桥梁改建等领域得到应用。三维激光扫描仪的扫描结果直接显示为点云,利用三维激光扫描技术获取的空间点云数据,可快速建立结构复杂、不规则的场景的三维可视化模型,既省时又省力,这种能力是现行的三维建模软件所不可比拟的。

Trimble FX 三维激光扫描仪是一款有高效移动性的仪器,其质量仅为 11 kg,可以在工程中方便地移动(图 4.1)。配备的仪器箱能适应航空的需要,便于随身携带,可以乘坐飞机放在行李架上,降低了损坏和丢失的风险。Trimble FX 三维激光扫描仪允许用户快速扫描物体,创建高精度图像。图像中每一个像素都代表空间中的 3D 点,这些点用 AVEVA、Inter-graph、Auto-desk、Bentley 和其他设计软件来创建 2D 和 3D 图形。

Trimble FX 三维激光扫描仪获取清晰低噪点数据,减少内业处理数据的时间。数据可以通过 Trimble Laser Gen suite 软件直接处理原始数据,也可以导入 Trimble Real-works 软件或者 Trimble 3Dipsos 建模软件进行处理。

Trimble FX 三维激光扫描仪联合 Trimble FX 控制软件通过改变图像栅格尺寸提供用户灵活的 3D 成像方案。这样就创建了低分辨率或者高分辨率数据集,这样的灵活性是十分必要的,可以适应各种工程,如拥挤的工业环境、逆向工程、校验空间控制或者控制建筑精度。仪器的架设无须整平。

图 4.1　Trimble FX 三维激光扫描仪

Trimble FX 三维激光扫描仪是高级的 3D 激光扫描系统,专为工业、造船和海上平台环境设计,在这些环境中快速获取高清晰、高精度数据十分重要。Trimble FX 系统在工程管理中有强大的优势。其主要特点是 PPP 流程工业设计、精度最高的扫描仪、360°×270° 全视野、扫描速度达 1 200 000 pts/s、清晰低噪点数据、设计小巧轻便、一键自动建模、可与其他测量仪器联合作业、数据兼容(表 4.2)。

表 4.2　Trimble FX 三维激光扫描仪性能指标

距离	140 m
最短距离	0.3 m
扫描速度	1 200 000 pts/s
标准扫描时间	5 min(单程)
距离精度	1 mm@ 15 m 单程(90%反射表面)
目标获取	标准差<1 mm@ 15 m(Trimble 目标物)
单点精度	<0.4 mm@ 11 m;<0.8 mm@ 21 m
角度精度	30 arc second(1.6 mm@ 11 m;3 mm@ 21 m)
角度分辨率	8 sec
Min.扫描增量(H)	20 arc sec(~95 μrad)
Max.采样间隔(V)	4 mm@ 21 m
光斑直径	2.3 mm@ 5 m;16 mm@ 46 m
建模表面精度	<0.5 mm@ 25 m;<1 mm@ 50 m

4.5 模型开挖过程与结果分析

4.5.1 开挖过程

试验在重庆大学自主研发的可旋转箱式相似模拟试验台上进行。

一个完整的相似模拟模型试验是一个较为复杂的系统工作,主要包括相似材料的筛选、相似材料配比试验、模型的堆砌上架、位移和应力观测点布置、模型开挖,以及数据、图像的采集与整理 6 个部分,其具体试验步骤为:

①选取细河砂为骨料,石膏和碳酸钙作为黏结料,水泥、软木屑和机油作为调料。试验前要对细河砂进行晒干、筛选去杂工作。

②进行相似材料配比试验,找出符合原型材力学参数的配比。

③按照选定的配比号,在相似模拟试验架上将材料堆砌成型。堆砌是按层进行,每层间撒上云母粉作为离层,可以更好地模拟现实情况。

④在预开挖每层堆砌时,煤层上下除用云母设置离层外,还要铺上塑料薄膜,可以在将来开挖时方便快捷地将开挖煤层挖出。

⑤对风干完毕后的相似模型进行开挖,开挖顺序从左向右,设计每次开挖 80 m(模型上为 20 cm),分 6 次开挖完毕。

⑥每次开挖前,通过三维激光扫描仪对所要观测的模型进行全方位的扫描。开挖完成后间隔 180 min 进行扫描,待其完全稳定后再进行下一次开挖。

具体实施过程如下:

待模型风干后,拆除挡板,将模型表面进行打磨,磨光后按平煤神马集团十矿综合柱状图中不同岩性进行涂色,效果如图 4.2 所示。

图 4.2　相似模型整体图

为开挖方便,拟开挖煤层上下均设置云母层,每步开挖长度间设有隔板,如图4.3所示。

图4.3 拟开采煤层放大图

在研究区域,每10 cm布置一根位移监测线,每根测线上每隔10 cm布置一个监测点,如图4.4所示。

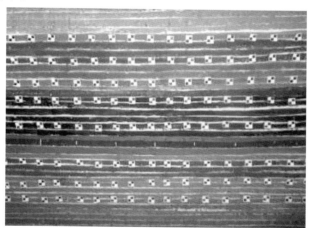

图4.4 位移监测点布置图

试验变形及裂隙扩展规律的测量采用重庆大学最新引进的三维扫描测试系统,图4.5所示为此系统工作状态图。

将扫描的数据导入Trimble Real-works后处理软件,形成点云数据,如图4.6所示。Trimble Real-works软件后处理过程需要将原始状态与第一步开挖后两次点云对比。

第一步开挖:由矿山压力及其控制理论可知采空区中部应力值最小,卸压效果最好,采动影响的程度最大,煤层的渗透性最好。第一步开挖时,直接顶板垂直应力减小到 0,直接顶板冒落,在直接顶板两翼尖端产生斜向上的宏观主裂纹,裂纹有向垂直应力方向扩展的趋势,直接顶板中部卸压充分,局部发生断裂,直接顶板开始出现少量细微裂纹,老顶无明显现象。从三维激光扫描仪位移云图中可以看到,顶板冒落,垂直方向变形较大的区域形成拱形冒落带。

图 4.5　Trimble FX 三维激光扫描仪工作状态图

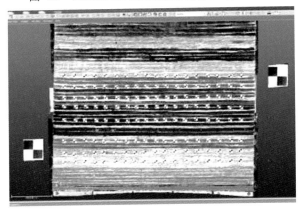

图 4.6　导入 Trimble Real-works 形成点云图

　　第二步开挖:两翼尖端产生斜向上的宏观主裂纹并继续扩展,采区直接顶板彻底冒落,直接顶板中部断裂现象明显,上覆软岩形成新的直接顶板,裂纹与垂直主应力的夹角越来越小,即裂纹进一步向最大主应力方向扩展。原生裂隙进一步发育,扩展且相互贯通,形成新的宏观次生裂纹,临近顶板岩层,有弯曲下沉的趋势,且在中部发育一定数量的微裂纹,采动影响范围扩大,老顶可观测到微裂隙。从三维激光扫描数据看,第二步开挖后冒落带继续向上扩展,在第一步冒落的基础上,又有直接顶板冒落。

　　第三步开挖:初步形成压力拱。由两翼尖端产生斜向上的宏观主裂纹与顶板软弱岩层形成的裂纹相交,初步形成压力拱。顶板上部中段形成大量裂纹,裂纹发育区域较前两次开挖影响范围加大。由于各层的岩性不相同,所受应力也不同,各层均向下有一定的位移,但各层位移量有差别,进而产生了离层现象。由于靠近采区的岩体卸压较充分,所以中间位移量较大,向两边越来越小。老顶可以观测到宏观裂纹。从三维激光扫描仪成果图中可以清晰地看到冒落带、裂隙带及离层的分布,"三带"的影响范围随着开挖的进行而继续向上扩展(图 4.7)。裂隙拱影响范围垂向扩展到120 mm,对应现场实际为 48 m。

图 4.7　第三步开挖后三维激光扫描点云处理位移云图

第四步开挖:直接顶的离层现象越来越明显,使得中间呈现下凹形状,而从整体分布的裂隙分布来看,出现了近似梯形的形状。冒落的顶板重新被压密,老顶产生纵横交错的裂纹,在距被保护层的底板位置产生离层(图 4.8)。

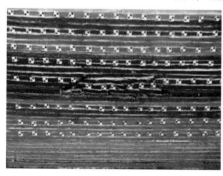

图 4.8　第四步开挖后三维激光扫描点云处理位移云图

第五步开挖:老顶的离层现象越发明显,各层的下移量差距越来越大,直到冒落填充到采空区。

5 号测线各点布置在开挖煤层的顶板位置,由图 4.9 所示曲线可知煤层上方的岩层在开采的影响下,在回采工作面前方 30~40 m 处开始变形。其特点是水平位移较为剧烈,但垂直位移很小。当工作面推过此区域引起垂直位移剧烈增加,位于采空区中部的测点,最大位移达到 10.5 mm(实际为 4.2 m)。压力拱的裂隙分布梯形形状越来越明显。老顶的裂隙也不断扩展,中间部分下沉现象明显,被保护层煤层底板产生轻微弯曲。整体裂纹相互连接、贯通,将顶板岩层切割破碎,使其破断,破断岩体在垂直应力的作用下不断断裂、冒落,填充到采空区,并不断被压实。模型开挖至第六步,共开挖 120 cm(实际为 480 m)。从三维激光扫描仪位移云图可以得到,裂隙带在垂直方向上出现的区域最高达到 350 mm(实际为 140 m),到戊$_{9-10}$煤层垂直距离75 mm(实际为 30 m),距离较近,戊$_{9-10}$煤层处于己$_{15}$煤层采动影响下弯曲下沉带影响较大的区域,己$_{15}$煤层的采动会对戊$_{9-10}$煤层产生较大的增透作用(图 4.10)。

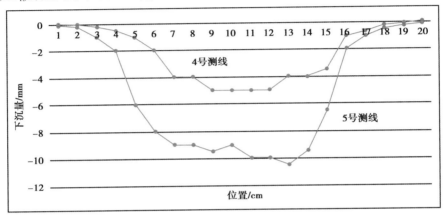

图 4.9　回采煤层顶板下沉曲线

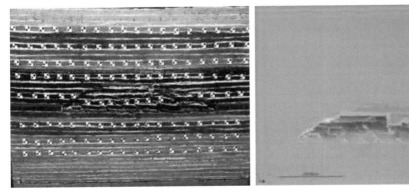

图 4.10　第六步开挖后三维激光扫描点云处理位移云图

从相似模型试验的结果看,下部煤层的开采对上部戊组煤层起到一定的卸压增透作用,对戊组煤层瓦斯抽采具有促进作用;己$_{15}$煤层可作为戊$_{9-10}$的超远距离保护层,可以使处于弯曲下沉带的远距离有煤与瓦斯突出危险煤层消除突出危险,能够实现煤与瓦斯两种资源安全、高产、高效共采。

4.5.2　结果分析

通过相似模型试验得到：当测点下方煤体被开挖，测点应力开始逐步减小，工作面回采跨过后，顶板冒落，产生较大位移。测点应力急剧减小，低于原岩应力，由于冒落的岩体堆积，使得传感器仍然保持较小的应力状态，随后工作面回采对测点影响不大，基本保持不变。

裂隙带在垂直方向上出现的区域最高达到 350 mm（实际为 140 m），到戊$_{9-10}$煤层垂直距离 75 mm（实际为 30 m），距离较近，戊$_{9-10}$煤层处于己$_{15}$煤层采动影响下弯曲下沉带影响较大的区域，己$_{15}$煤层的采动会对戊$_{9-10}$煤层产生较大的增透作用。

下部煤层的开采对上部戊组煤层起到一定的卸压增透作用，对戊组煤层瓦斯抽采具有促进作用，己$_{15}$煤层可作为戊$_{9-10}$的超远距离保护层，可以使处于弯曲下沉带的远距离有煤与瓦斯突出危险煤层消除突出危险，能够实现煤与瓦斯两种资源安全、高产、高效共采。

5

采动条件下覆岩破坏规律研究

5.1 采动条件下煤岩体破坏的蠕变损伤理论分析

众多学者根据煤岩的具体蠕变形态,利用弹性元件、粘性元件和塑性元件等不同组合形式,建立了各种形式的蠕变模型,典型的模型和本构方程如表 5.1 所示。

表 5.1 常见蠕变模型本构方程

蠕变模型	本构方程
Maxwell 模型	$\sigma + \dfrac{\eta_2}{E}\dot{\sigma} = \eta_2\dot{\varepsilon}$
Kelvin 模型	$\sigma = E_1\varepsilon + \eta_1\dot{\varepsilon}$
H-K 模型	$\sigma + \dfrac{\eta_1}{E + E_1}\dot{\sigma} = \dfrac{EE_1}{E + E_1}\varepsilon + \dfrac{E\eta_1}{E + E_1}\dot{\varepsilon}$
H｜M 模型	$\sigma + \dfrac{\eta_1}{E_1}\dot{\sigma} = E_2\varepsilon + \dfrac{E\eta}{E + E_1}\dot{\varepsilon}$
Burgers 模型	$\sigma + \left(\dfrac{\eta_2}{E_1} + \dfrac{\eta_1 + \eta_2}{E_2}\right)\dot{\sigma} + \dfrac{\eta_1\eta_2}{E_1E_2}\ddot{\sigma} = \eta_2\dot{\varepsilon} + \dfrac{\eta_1\eta_2}{E_1}\ddot{\varepsilon}$
粘塑性模型	当 $\sigma < \sigma_s$ 时,$\varepsilon = 0$ 当 $\sigma \geq \sigma_s$ 时,$\dot{\varepsilon} = (\sigma - \sigma_s)/\eta_2$
Bingham 模型	当 $\sigma < \sigma_s$ 时,$\dot{\varepsilon} = \dfrac{\dot{\sigma}}{E}$ 当 $\sigma \geq \sigma_s$ 时,$\dot{\varepsilon} = \dfrac{\dot{\sigma}}{E} + \dfrac{\sigma - \sigma_s}{\eta_2}$

续表

蠕变模型	本构方程
西原模型	当 $\sigma < \sigma_s$ 时，$\sigma + \dfrac{\eta_1}{E+E_1}\dot{\sigma} = \dfrac{EE_1}{E+E_1}\varepsilon + \dfrac{E\eta_1}{E+E_1}\dot{\varepsilon}$ 当 $\sigma \geqslant \sigma_s$ 时，$1 + \dfrac{\eta_2}{E}D(\sigma - \sigma_s) + \left(\dfrac{\eta_2}{E} + \dfrac{\eta_1 + \eta_2}{E_1}\right)\dot{\sigma} + \dfrac{\eta_1\eta_2}{EE_1}\ddot{\sigma}$ $= \eta_2\dot{\varepsilon} + \dfrac{\eta_1\eta_2}{E_1}\dot{\varepsilon}$

上述本构关系可用算子形式的通用表达式进行表示，一维状态下可表示为：

$$P(D)\sigma = Q(D)\varepsilon \tag{5.1}$$

式（5.1）中，$P(D) = \sum\limits_{k=0}^{m} p_k \dfrac{\partial^k}{\partial t^k}$，$Q(D) = \sum\limits_{k=0}^{m} q_k \dfrac{\partial^k}{\partial t^k}$，$D = \dfrac{\partial}{\partial t}$ 为对时间的微分算子。

三维应力状态下，由弹性理论可知，弹性本构关系的三维张量形式为：

$$S_{ij} = 2G_0 e_{ij}, \sigma_{ii} = 3K\varepsilon_{ii} \tag{5.2}$$

式（5.2）中，S_{ij}、e_{ij}、σ_{ii}、ε_{ii} 分别为应力偏量、应变偏量以及应力与应变第一不变量的张量形式，分别为：

$$S_{ij} = \sigma_{ij} - \sigma_m\delta_{ij} = \begin{pmatrix} \sigma_{xx} - \sigma_m & \tau_{xy} & \tau_{xz} \\ \tau_{yx} & \sigma_{yy} - \sigma_m & \tau_{yz} \\ \tau_{zx} & \tau_{zy} & \sigma_{zz} - \sigma_m \end{pmatrix} (i,j = x,y,z) \tag{5.3}$$

$$e_{ij} = \varepsilon_{ij} - \varepsilon_m\delta_{ij} = \begin{pmatrix} \varepsilon_{xx} - \varepsilon_m & \dfrac{1}{2}\gamma_{xy} & \dfrac{1}{2}\gamma_{xz} \\ \dfrac{1}{2}\gamma_{yx} & \varepsilon_{yy} - \varepsilon_m & \dfrac{1}{2}\gamma_{yz} \\ \dfrac{1}{2}\gamma_{zx} & \dfrac{1}{2}\gamma_{zy} & \varepsilon_{zz} - \varepsilon_m \end{pmatrix} (i,j = x,y,z) \tag{5.4}$$

$$\begin{aligned} \sigma_{ii} &= \sigma_1 + \sigma_2 + \sigma_3 = \sigma_{xx} + \sigma_{yy} + \sigma_{zz} = 3\sigma_m \\ \varepsilon_{ii} &= \varepsilon_1 + \varepsilon_2 + \varepsilon_3 = \varepsilon_{xx} + \varepsilon_{yy} + \varepsilon_{zz} = 3\varepsilon_m \end{aligned} \tag{5.5}$$

式（5.2）中，弹性剪切模量 G_0、弹性体积模量 K 与弹性模量 E_0 以及泊松比 μ 之间的关系表达式为：

$$E_0 = \dfrac{9G_0K}{3K + G_0}, \mu = \dfrac{3K - 2G_0}{2(3K + G_0)} \tag{5.6}$$

因此，将式（5.1）推广到三维，其三维本构关系为：

$$P'(D)S_{ij} = Q'(D)e_{ij}, P''(D)\sigma_{ii} = Q''(D)\varepsilon_{ii} \tag{5.7}$$

将式（5.7）中所有弹性模量、粘弹性模量和系数换为剪切弹性模量、剪切粘弹性模量及系数。

5.1.1 煤岩线性粘弹性蠕变模型分析

仔细分析煤岩、砂岩以及灰岩等煤岩试样的单轴压缩以及三轴压缩蠕变试验曲线不难发现,在低于某一荷载水平(即未出现加速蠕变荷载)之前煤岩的蠕变试验曲线具有如下几个特征:

①在施加应力以后,煤岩立即产生瞬时弹性应变,可知蠕变模型中应包含弹性元件;

②煤岩蠕变应变随时间的增加而有增大的趋势,可知蠕变模型中还应包含粘性元件;

③在一定应力水平下,随时间推移,应变有保持某一稳定数值的趋势。

因此,可以得出煤岩在未出现加速蠕变荷载作用下表现为典型的粘弹性特征。可以描述煤岩粘弹性蠕变特征的蠕变模型有表 5.1 所示的 H-K 模型(三元件广义 Kelvin 模型)、Burgers 模型、Bingham 模型以及西原模型等。H-K 模型与 Burgers 模型的参数少,便于参数识别与进一步扩展研究,因此这里选用 H-K 模型(三元件广义开尔文模型)与 Burgers 模型对煤层裂隙场涉及的煤岩、砂岩、灰岩等蠕变试验曲线进行辨识分析。

1) H-K 模型

H-K 模型是由弹性元件(H)与开尔文模型(K)串联的结构模型,通常也称为三元件广义 Kelvin 模型,如图 5.1 所示。

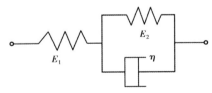

图 5.1　三元件广义 Kelvin 模型

该模型所受的总应力 σ 和总应变 ε 的关系为:设 H 体应力为 σ_1、应变为 ε_1 以及 K 体应力为 σ_2、应变为 ε_2。该模型串联的特点是应力相等而应变相加。因而有:

$$\sigma = \sigma_1 = \sigma_2, \varepsilon = \varepsilon_1 + \varepsilon_2$$

$$\sigma_1 = E_1 \varepsilon_1, \sigma_2 = E_2 \varepsilon_2 + \eta_1 \dot{\varepsilon}_2$$

从以上方程式中消除 σ_1、ε_1、σ_2、ε_2,即可得到 H-K 模型的蠕变本构关系:

$$\sigma + \frac{\eta_1}{E + E_1} \dot{\sigma} = \frac{EE_1}{E + E_1} \varepsilon + \frac{E\eta_1}{E + E_1} \dot{\varepsilon} \tag{5.8}$$

或

$$\sigma + p_1\dot{\sigma} = q_0\varepsilon + q_1\dot{\varepsilon} \tag{5.9}$$

式(5.9)中，$p_1 = \dfrac{\eta_1}{E + E_1}$，$q_0 = \dfrac{EE_1}{E + E_1}$，$q_1 = \dfrac{E\eta_1}{E + E_1}$，$\dfrac{q_1}{p_1} - q_0 = \dfrac{E^2}{E + E_1}$。

三维张量方程为：

$$S' + p_1\dot{S}' = 2q_0e' + 2q_1\dot{e}' \tag{5.10}$$

式(5.8)、式(5.9)与式(5.10)均为 H-K 模型的本构方程式。

（1）H-K 模型的蠕变

应力条件为：$S' = S_0' = $ 恒量，初始条件为：$t^* = 0, e' = e_0' = \dfrac{S_0'}{2E_1}$，由本构方程

(5.10)可得：

$$S_0' = 2q_0e' + 2q_1\dot{e}' \tag{5.11}$$

$$e' = \frac{S_0'}{2E_1} + \frac{S_0'}{2E_2}\left(1 - \exp\left(-\frac{E_2}{\eta}\right)t\right) \tag{5.12}$$

式(5.11)、式(5.12)便为 H-K 模型的蠕变方程。弹性模型 1 可以有瞬时弹性变

形，而弹性模型 2 因粘壶的限制而不能发生瞬时变形。当 $t^* = 0, e' = e_0' = \dfrac{S_0'}{2E_1}$；当 $t^* \to$

∞，则应变随着时间的增加呈指数形式递增，最终得 $e' = \dfrac{S_0'}{2E_1} + \dfrac{S_0'}{2E_2}$。

（2）H-K 模型的松弛

应变条件为 $e' = e_0' = $ 恒量，初始条件为：$t^* = 0$、$S' = S_0'$，由本构方程(5.10)可求得松

弛方程为：

$$S' + p_1\dot{S}' = 2q_0e_0' \tag{5.13}$$

$$S' = 2q_0e_0' + (S_0' - 2q_0e_0')\exp\left(-\frac{t}{p_1}\right) \tag{5.14}$$

将式(5.14)转化为：

$$S' = \frac{2EE_1}{E + E_1}e_0' + \left(S_0' - \frac{2EE_1}{E + E_1}e_0'\right)\exp\left(-\frac{E + E_1}{\eta_1}t\right) \tag{5.15}$$

式(5.14)、式(5.15)均为 H-K 模型的松弛方程。当 $t^* = 0, S' = S_0'$；当 $t^* \to \infty$，在

经历极长时间后，则应力降低到 $\dfrac{2EE_1}{E + E_1}e_0'$。

2）Burgers 模型

Burgers 模型是由马克思威尔模型（M 体）与开尔文模型（K 体）串联组合的结构

模型（图 5.2）。

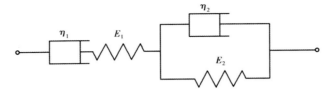

图 5.2　Burgers 模型

设马克思威尔模型与开尔文模型应变分别为 ε_1、ε_2，串联后总的应变为两个应变相加，而应力相等，故有：

$$\varepsilon = \varepsilon_1 + \varepsilon_2, \sigma = \sigma_1 + \sigma_2$$

$$\dot{\varepsilon}_1 = \frac{\sigma}{\eta_1} + \frac{\dot{\sigma}}{E_1}, \sigma_2 = E_2\varepsilon_2 + \eta_1\dot{\varepsilon}_2$$

将上述方程式中消去 ε_1、ε_2，即可得到 Burgers 模型的蠕变本构关系：

$$\sigma + \left(\frac{\eta_1}{E_1} + \frac{\eta_1 + \eta_2}{E_2}\right)\dot{\sigma} + \frac{\eta_1\eta_2}{E_1E_2}\ddot{\sigma} = \eta_1\dot{\varepsilon} + \frac{\eta_1\eta_2}{E_2}\ddot{\varepsilon} \qquad (5.16)$$

或

$$\sigma + p_1\dot{\sigma} + p_2\ddot{\sigma} = q_1\dot{\varepsilon} + q_2\ddot{\varepsilon} \qquad (5.17)$$

式(5.17)中，$p_1 = \dfrac{\eta_1}{E_1} + \dfrac{\eta_1 + \eta_2}{E_2}, p_2 = \dfrac{\eta_1\eta_2}{E_2E_1}, q_1 = \eta_1, q_2 = \dfrac{\eta_1\eta_2}{E_2}$。

三维张量方程为：

$$S' + p_1\dot{S}' + p_1\ddot{S}' = 2q_1\dot{e}' + 2q_2\ddot{e}' \qquad (5.18)$$

式(5.16)、式(5.17)与式(5.18)均为 H-K 模型的本构方程式。

应力条件为：$S' = S'_0 = $ 恒量，初始条件为：$t^* = 0, e' = e'_0 = \dfrac{S'_0}{2E_1}$。这里应用拉普拉斯(Laplace)变换进行蠕变方程的推导，对于瞬时加载时间引入一个单位阶梯函数 $\Delta(t)$，其定义为：

$$\Delta(t) = \begin{cases} 0, t < 0 \\ 1, t > 0 \end{cases} \qquad (5.19)$$

因而，应力 S' 可表示为：

$$S' = S'_0\Delta(t) \qquad (5.20)$$

S'、$\dot{S}'$、$\ddot{S}'$ 的拉普拉斯变换为：

$$\begin{cases} \bar{S}' = S'_0/s \\ \overline{\dot{S}'} = s\bar{S}' - S'(0) = s\dfrac{S'_0}{s} - 0 = S'_0 \\ \overline{\ddot{S}'} = s^2\bar{S}' - sS'(0) - \dot{S}'(0) = sS'_0 \end{cases} \qquad (5.21)$$

应变 e' 的拉普拉斯变化为 $\bar{e}'$，e' 的导数的拉普拉斯变换为：

$$\begin{cases} \overline{\dot{e}'} = s\bar{e}' - e'(0) = s\bar{e}' \\ \overline{\ddot{e}'} = s^2\bar{e}' - se'(0) - \dot{e}'(0) = s^2\bar{e}' \end{cases} \tag{5.22}$$

对三维本构方程式(5.18)进行拉普拉斯变换，以及将式(5.21)与式(5.22)代入式(5.18)，得：

$$\frac{S_0'}{s} + p_1 S_0' + p_2 s S_0' = 2q_1 s\bar{e}' + 2q_2 s^2\bar{e}' \tag{5.23}$$

$$\bar{e}' = \frac{S_0'}{2}\left[\frac{1}{s^2(q_1 + q_s s)} + \frac{p_1}{s(q_1 + q_s s)} + \frac{p_2}{q_1 + q_s s}\right] \tag{5.24}$$

对上式进行拉普拉斯逆变换，查表可知：$a = \dfrac{q_1}{q_2}$，将 $L^{-1}\left(\dfrac{1}{s}\right) = 1$，$L^{-1}\left(\dfrac{1}{s+a}\right) = e^{-at}$，

$L^{-1}\left(\dfrac{1}{s(s+a)}\right) = \dfrac{1}{a}(1 - e^{-at})$ 代入式(5.24)整理后可得：

$$\begin{aligned} e' &= \frac{S_0'}{2}\left\{\frac{t}{q_1} - \frac{q_2}{q_1}[1 - \exp(-q_1/q_2)t] + \frac{p_1}{q_1}[1 - \exp((-q_1/q_2)t)] + \frac{p_2}{q_2}[1 - \exp((-q_1/q_2)t)]\right\} \\ &= \frac{S_0'}{2}\left\{\frac{t}{q_1} - \frac{p_1 q_1 - q_2}{q_1^2}[1 - \exp((-q_1/q_2)t)] + \frac{p_2}{q_2}[1 - \exp((-q_1/q_2)t)]\right\} \end{aligned} \tag{5.25}$$

式(5.25)即为 Burgers 蠕变方程，将 p_1、p_2、q_1、q_2 代入可得：

$$e' = \frac{S_0'}{2E_1} + \frac{S_0'}{2\eta_1}t + \frac{S_0'}{2E_2}\left[1 - \exp\left(-\frac{E_2}{\eta_2}t\right)\right] \tag{5.26}$$

Burgers 蠕变模型描述介质具有初始瞬时弹性应变、衰减蠕变(Ⅰ)阶段以及稳态蠕变(Ⅱ)阶段。

3)参数识别以及对比分析

目前，煤岩蠕变模型参数确定的方法多为回归反演法、最小二乘法以及蠕变曲线分解法等。其中，最小二乘法应用最为普遍，但最小二乘法解决非线性问题的效果并不理想。因此，本项目采用 quasi-Newton 算法(BFGS 算法)对煤岩蠕变模型进行参数识别。

BFGS 算法是由 Broyden、Fletcher、Goldfarb 和 Shanno 等人在 1970 年提出的。该算法不用计算二阶偏导数矩阵及其逆阵就可以构造出每次迭代的搜索方向。该算法数值稳定性好，可直接对蠕变全过程曲线拟合，故 BFGS 算法被认为是目前最好的一种局部收敛算法，得到了极为广泛的应用。其搜索方向的构造如下：

$$S_{k+1} = -H_{k+1}g_{k+1} \tag{5.27}$$

$$H_{k+1} = H_k + \frac{\mu_k \Delta p_k p x_x^T - H_k \Delta g_k \Delta p_k^T - \Delta p_k \Delta g_k^T H_k}{\Delta p_k^T \Delta g_k} \tag{5.28}$$

$$\mu_k = 1 + \frac{\Delta g_k^T H_k \Delta g_k}{\Delta p_k^T \Delta g_k} \tag{5.29}$$

$$\Delta p_k = p_{k+1} - p_k \tag{5.30}$$

$$\Delta g_k = g_{k+1} - g_k \tag{5.31}$$

式中,k 为迭代次数。计算步骤如下:

①给定迭代初始值。初始为 $p^{(0)}$,设定计算精度 $\varepsilon > 0$,初始矩阵 $H_0 = I$(单位矩阵),令 $k = 0$。

②搜索和迭代。计算 $s^{(k)} = -H_k g_k$,沿 $s^{(k)}$ 进行不精确一维搜索,求出步长 λ_k,使

$$f(p^{(k)} + \lambda_k s^{(k)}) = \min_{\lambda \geq 0} f(p^{(k)} + \lambda_k s^{(k)}) \tag{5.32}$$

$$p^{(k+1)} = p^{(k)} + \lambda_k s^{(k)} \tag{5.33}$$

③执行熟练准则。若 $\| g_{k+1} \| < \varepsilon$,则取 $p^* = p^{(k+1)}$,计算结束;否则,由式(5.27)~式(5.29)计算 H_{k+1},令 $k = k+1$,返回步骤②。

在压缩作用下,H-K 蠕变模型以及 Burgers 蠕变模型与试验曲线的吻合度均比较好,且二者相比,Burgers 蠕变模型与试验曲线的吻合度更高;然而,对于煤岩直接拉伸蠕变试验,Burgers 蠕变模型与试验曲线的吻合度明显高于 H-K 蠕变模型。这是因为 Burgers 蠕变模型较 H-K 蠕变模型多了一个粘性元件,因而,其更适用于较为复杂的受力状态,表5.2、表5.3所示为两个模型的拟合参数。

表 5.2 Burgers 蠕变模型参数

压力状态	应力差/MPa	E_1/MPa	η_1/MPa·h	E_2/MPa	η_2/MPa·h	R^2
压缩	35.76	10 398.34	8 135 090.29	669 753.50	79 591.79	0.975
	45.96	11 716.38	10 505 174.78	667 039.09	128 052.98	0.976
	53.60	12 429.55	9 062 436.97	678 798.88	239 067.45	0.987
	61.24	12 931.55	7 133 296.28	492 721.39	213 979.13	0.991
	66.34	12 981.99	3 182 051.76	461 094.58	274 210.73	0.998

表 5.3 H-K 蠕变模型参数

压力状态	应力差/MPa	E_M/MPa	E_K/MPa	η_K/MPa·h	R^2
压缩	35.76	10 376.00	699 651.45	119 836.49	0.967
	45.96	11 668.51	721 766.80	262 518.53	0.947
	53.60	12 381.57	632 841.68	494 324.00	0.961
	61.24	12 872.28	445 863.74	386 286.88	0.970
	66.34	12 914.20	301 130.73	484 737.01	0.986

根据表 5.2、表 5.3 可知,拟合相关系数平方(R^2)均在 0.9 以上,最高达到了 0.998,说明拟合效果相当好,且在应力状态相同的情况下,Burgers 蠕变模型各项拟合相关系数平方(R^2)均明显高于 H-K 蠕变模型。同时可以看出相同荷载作用下,各参数的变化范围相对较小。

5.1.2 煤岩蠕变损伤理论模型

通过前述 Burgers 蠕变模型与 H-K 蠕变模型的对比分析,得出 Burgers 蠕变模型可以很好地反映煤岩在较低应力状态下(小于长期强度或者小于屈服强度)的瞬时弹性应变、衰减蠕变以及稳态蠕变,但不能反映煤岩在高应力状态下的加速蠕变阶段。因此,有必要在 Burgers 蠕变模型的基础上建立一种能描述煤岩在荷载作用下反映煤岩蠕变全过程的损伤本构模型。

关于煤岩时效损伤的应力阈值问题,目前有两种主要观点:一种认为损伤不存在阈值,损伤随着应力即时产生;另一种观点认为煤岩蠕变损伤的应力阈值为煤岩的长期强度,即应力水平大于长期强度时,煤岩会随着时间产生损伤。实际上,损伤产生于加速蠕变阶段,损伤应力阈值与煤岩的长期强度一致。当煤岩所承受应力大于长期强度时,煤岩在有限的时间内发生破坏。而当煤岩所承受应力小于长期强度时,永远不可能使之发生蠕变破坏。

在粘塑性本构理论的研究方面成果比较多,Chaboche 在 1979 年提出了考虑非线性运动硬化(蠕变第三阶段)的粘塑性模型,该模型主要应用在材料的破坏方面。Chaboche 模型有多种表述形式,在不考虑热应变的前提下,应变可分解为:

$$\varepsilon = \varepsilon^e + \varepsilon^i \tag{5.34}$$

式中,ε 为总应变,ε^e 为弹性应变,ε^i 为非弹性应变。在小变形情况下:

$$\dot{\varepsilon} = \dot{\varepsilon}^e + \dot{\varepsilon}^i \tag{5.35}$$

Chaboche 模型中引入了损伤变量 D 和等效应力 σ_{eff},等效应力是由于损伤存在而产生的。在含瓦斯煤卸围压蠕变试验中,考虑瓦斯压力 G 形成的孔隙压力,有效应力可按下式表述:

$$\sigma_{eff} = \frac{1}{1 - D}(\sigma - G) \tag{5.36}$$

令 $\boldsymbol{D}$ 为各向同性本构张量,根据广义胡克定律,有:

$$\sigma_{eff} = \boldsymbol{D}\varepsilon^e \tag{5.37}$$

则弹性部分的应变与应力有如下关系:

$$\varepsilon^e = \frac{\sigma - G}{\boldsymbol{D}(1 - D)} \tag{5.38}$$

损伤演化采用 Rabotnov 定律描述为:

$$D = 1 - \left(1 - \frac{t}{t_c}\right)^{\frac{1}{l+1}} \qquad (5.39)$$

式(5.39)中，$t_c = \frac{1}{1+l}\left(\frac{\sigma}{A}\right)^{-m}$，$A = A_0\left(\frac{l+1}{m+1}\right)^{\frac{1}{m}}$，$l$ 为 Rabotnov 补充系数，m 与 A_0 为蠕变损伤系数，t 为试验时间，t_c 为试件断裂时间。

假定试件破坏时的损伤变量 $D_c = 0.1$，即可根据不同试验确定损伤变量 D 中的各参数。

式(5.34)中非弹性(粘塑性)部分的应变可由考虑损伤的 Chaboche 模型确定：

$$\dot{\varepsilon}^i = \frac{3}{2}\frac{S_{\text{eff}} - x}{J_2(S_{\text{eff}} - x)} \cdot \left[\frac{\langle f(S_{\text{eff}}, x, R)\rangle}{K}\right]^n \qquad (5.40)$$

式(5.40)中，S_{eff} 是由等效应力定义的偏应力；x 用来描述材料的硬化，称为背应力；R 为各向同性硬化函数，用于描述材料各向同性硬化能力的变化；$\langle\ \rangle$ 为 MacCauley 括号，J_2 为第二不变量；$f(S_{\text{eff}}, x, R)$ 是屈服函数。

$$f(S_{\text{eff}}, x, R) = J_2(S_{\text{eff}} - x) - R - k \qquad (5.41)$$

式(5.41)中，k 为材料参数，J_2 可按下式求解：

$$J_2(S_{\text{eff}} - x) = \left[\frac{3}{2}(S_{ij} - x_{ij}) \cdot (S_{ij} - x_{ij})\right]^{\frac{1}{2}} \qquad (5.42)$$

因此，通过试验可以确定模型中的 l、m、x、R、k 相关参数，图 5.3 为理论模型与试验曲线的对比，表明考虑瓦斯压力的 Chaboche 模型可以模拟卸压蠕变的总体硬化过程。

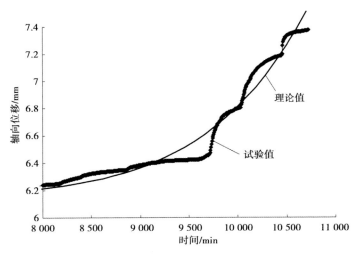

图 5.3　理论模型与试验曲线对比

5.1.3 煤岩蠕变损伤本构模型 FLAC3D 二次开发

FLAC3D 计算首先调用平衡方程,由初始应力和边界条件计算出新的速度和位移,然后由速度计算出应变率,进而根据本构方程获得新的应力或力。显式有限差分法计算流程如图 5.4 所示。具体来讲,在 FLAC3D 本构模型二次开发中是由前一计算时间步的应力、总应变增量和其他一些给出的参数通过具体的本构方程得到新的应力过程。

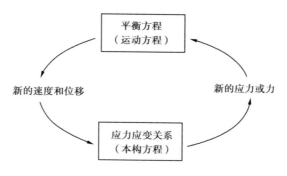

图 5.4 FLAC3D 的计算流程图

FLAC3D 自定义本构模型二次开发主要采用 Microsoft Visual C++编写,自定义本构模型同其他自带模型一样,主要功能是给定应变增量,获得新的应力,均以动态链接库文件(.dll 文件)的形式提供。动态链接库文件采用 VC++6.0 或更高版本编译得到,再由 FLAC3D 主程序进行调用。

FLAC3D 调用动态链接库文件时,首先需要用 CONFIG cppudm 命令来配置代码接受 DLL 模型。然后,需要输入 model load(二次开发文件名称).dll 使 DLL 模型文件加载到 FLAC3D 中同时输入 model(二次开发文件名称),这样,新模型的名字、参数名字和与模型相关的 FISH 函数就可以被 FLAC3D 识别出来。用户可以把常用的自定义模型输入"FLAC3D. INI"中,以避免每次调用新模型都进行 DLL 的配置。

FLAC3D 中自带的本构模型和用户自己定义的本构模型继承的都是同一基类(class constitutive model),并且软件提供了该软件所有自带本构模型的源代码。这就便于用户进行自定义本构模型的二次开发,同时又使得用户自定义本构模型与软件自带的本构模型的执行效率处在同一个水平上。

依据 FLAC3D 用户手册对 FLAC3D 自定义本构模型二次开发的核心技术,并参考褚卫江、杨文东等成功实例,FLAC3D 本构模型的二次开发工作主要包括修改头文件(.h 文件)、修改程序文件(.cpp 文件)、生成动态链接库文件(.DLL)和程序调试 4部分。

1) 修改头文件

在头文件 userLyvepmc.h 中进行新的本构模型派生类的声明时,需要修改模型的 ID、名称、版本以及修改派生类的私有成员,包括模型的基本参数及程序执行过程中主要的中间变量。本项目自定义本构模型的头文件 usernvepmc.h 同样继承了基类 ConstitutiveModel,修改模型的 ID 为 156(大于 100),定义了模型的名称为 usernvepmc,派生类的私有成员包括 dbulk、dkshear、dkviscous、dmshear、dmviscous、dnviscous、dyeilth、dn_1, cohesion、friction、dilation、tension, 6 维数组 dMekd[6] 等中间变量。

2) 修改程序文件

在程序文件 userLyvepmc.cpp 中需要进行的修改主要包括以下几个方面:

①在 C++程序中修改模型结构(UseruserLyvepmc∶∶UserLyvepmc(bool bRegister)∶Constitutive Model 的定义,此为一个空函数,主要功能是对头文件中定义的表征煤岩所有私有成员赋初值,一般均赋值为 0.0。

②修改 const char ＊ ＊ UserLyvepmc∶∶Properties() 函数,该函数包含了煤岩蠕变模型所有参数的名称字符串,在 FLAC3D 的计算命令中需要用这些字符串进行模型参数赋值,对应模型参数的定义。

③UserLyvepmc∶∶States() 函数是单元在计算过程中的状态指示器,根据需要修改指示器的内容。

④修改 UserLyvepmc∶∶GetProperty() 和 UserLyvepmc∶∶SetProperty() 函数中内容,使各个参数依次对应派生类中定义的模型参数变量,这两个函数共同完成模型参数的赋值功能。

⑤const char ＊ UserLyvepmc∶∶Initialize() 函数在执行 CYCLE 命令或大应变模式下对每个模型单元(zone)调用一次,主要执行参数和状态指示器的初始化,并对派生类声明中定义的私有变量进行赋值。

⑥const char ＊ UserLyvepmc∶∶Run() 这部分是整个模型编制过程中最主要的函数,它对每一个子单元(sub-zone)在每次循环时均进行调用,由应变增量计算得到应力增量,从而获得新的应力。进一步需要修改的内容有:根据开关函数 $H(F)$ 判断,当 $F \leqslant \sigma_\infty$ 时模型只有弹性元件起作用,同时定义一个时间全局变量,然后对每一个时间步进行累加得到真实时间,以进行粘性系数折减。

此部分具体编程流程如图 5.5 所示。

修改 const char ＊ UserLyvepmc∶∶SaveRestore() 中的变量,同第 1、4 步进行修改

对应的参数,该函数的主要功能是对计算结果进行保存。

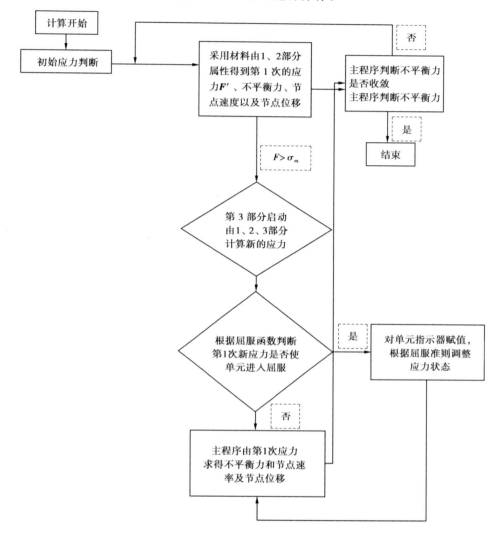

图 5.5　模型二次开发流程图

3)生成动态链接库文件

①新建立一个空的 Win32 Dynamic-link library,如建立在 d:\Lyvepmc。

②把所有需要的文件放在 mymodel.cpp、mymodel.h、AXES.H、Conmodel.h、STEN-SOR.H、vcmodels.lib 都放在 d:\Lyvepmc 下面。

③BUILD->Set Active Configuration,选择 Release or Debug build option。

④PROJECT->Settings,点击 Link 标签,在 Output file 下空白处设置生成文件的保存位置。

⑤PROJECT->Add To PROJECT->Files，添加 mymodel.cpp、mymodel.h 文件到工作空间。

⑥PROJECT->Settings，点击 Link 标签，在 category：的下拉列表中选择 Input 选项，在 Object/Library modules 下面，其他文件后面用空格隔开，添加 vcmodels.lib 文件。

⑦点 BUILD->Rebuild All，创建动态连接库文件，生成所需要的模型。

4) 程序调试

程序的调试有两种方法：一种是在 VC++ 的工程设置中将 FLAC3D 软件中的 EXE 文件路径加入程序的调试范围中，并将 FLAC3D 自带的 DLL 文件加入附加动态链接库（Additional DLLs）中，然后在程序文件中设置断点，进行调试；另一种是在程序文件中加入 return() 语句，这样可以将希望得到的变量值以错误提示的形式在 FLAC3D 窗口中得到。

5.1.4　煤岩蠕变损伤本构模型验证

为了验证岩石粘弹塑性蠕变损伤模型二次开发的正确性，基于一个砂岩单轴压缩蠕变试验进行煤岩非线性蠕变模型的数值模拟验证，模拟试件尺寸为高 10 cm（Y 方向），直径 5 cm，共划分 1 000 个单元、1 111 个节点。模型底部在 Y 方向约束，顶部施压缩蠕变试验相应的荷载，计算模型如图 5.6 所示。采用粘弹塑性蠕变损伤本构模型（Lyvepmc）数值程序进行蠕变数值分析。

依据单轴压缩蠕变试验结果拟合参数，采用前述二次开发蠕变损伤本构模型进行了单轴压缩蠕变 FLAC3D 蠕变试验模拟。图 5.7 为煤岩单轴压缩蠕变模拟试验结果图，图中曲线为试件顶点蠕变曲线，二次开发本构模型得到了压缩试验的验证。

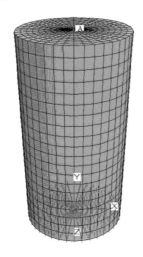

图 5.6　单轴蠕变数值模拟试验模型

图 5.8 为采用 Mohr-Coulomb 屈服准则判断的塑性区扩展图，图 5.9 为试样的损伤区域，可以看出试件破坏为沿着试件轴向多裂纹劈裂，在试件底部出现局部张拉破坏，与单轴压缩蠕变试验断裂一致。

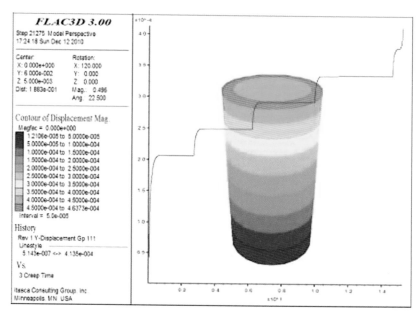

图 5.7　单轴压缩蠕变试验模拟

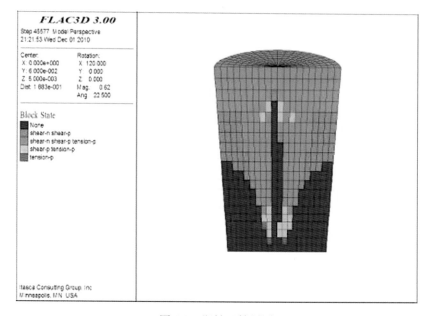

图 5.8　塑性区扩展图

图 5.9 蠕变试验试件的破坏形态

5.2 基于蠕变损伤规律的采动覆岩破坏规律

模型研究对象为矿区北翼己组己$_{15}$-17200 综采工作面,模型由己$_{15}$-17200 工作面向上延伸 282 m,向下延伸 154 m,煤层倾角 15°,设计分段开挖共 300 m,每步开挖 10 m。该综采面宽度约为 216 m,长度约为 1 750 m,平均厚度约为 4 m,距戊$_9$ 约 170 m。通过对己$_{15}$回采的 FLAC3D 数值模拟分析,研究己$_{15}$回采过程中上覆岩体的破坏断裂损伤规律,并研究回采对戊$_9$(戊$_{8-10}$中的一个厚煤层)煤层的影响。

5.2.1 计算模型与参数选择

计算采用 FLAC3D 岩土介质有限差分数值模拟软件进行三维数值计算。建模时,考虑到边界的影响,在己$_{15}$-17200 综采工作面的基础上,前后左右各取两倍的采区宽度(320 m),同时考虑到回采对上覆岩层与戊$_9$煤层以及下部岩层的影响,模型最终选取 800 m×2 390 m×800 m,模型共分为 294 032 个节点、3 080 416 个单元(图5.10)。计算模型都约束左右边界的 X 方向水平位移,前后边界约束 Y 方向的水平位移和下边界的竖向位移,上边界为自由边界。计算模型网格划分如图 5.10 所示。模型从下到上依次为己$_{15}$煤层底板底层泥灰岩体组、己$_{15}$煤层、己$_{15}$煤层顶板岩层、砂泥岩层、砂岩层、戊$_9$煤层底板砂泥层、戊$_9$煤层、戊$_9$顶板层等 8 个岩层。其中己$_{15}$煤层与戊$_9$煤层如图 5.11 所示(从下到上),己$_{15}$煤层 17200 综合采面见图 5.12。各岩层基本力学参数如表 5.4 所示,蠕变损伤力学参数如表 5.5 所示。

计算采用前述二次开发的煤岩蠕变损伤本构模型。

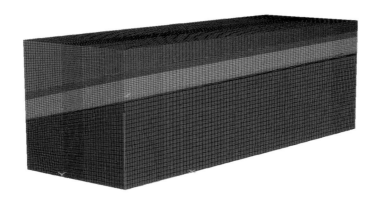

图 5.10　整体模型示意图

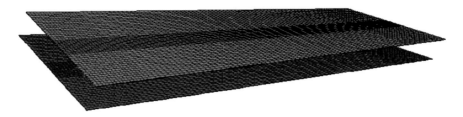

图 5.11　己$_{15}$煤层与戊$_9$煤层(下层为己$_{15}$、上层为戊$_9$)

图 5.12　己$_{15}$煤层 17200 综采面

表 5.4　煤岩体基本力学参数表

煤岩体	容重 /(kN·m^{-3})	体积模量 /GPa	剪切模量 /GPa	内聚力 /MPa	内摩擦角 /(°)	抗拉强度 /MPa
泥灰岩体组	24	48	9.6	14	36	14
己$_{15}$煤层	14	3.57	0.714	2	30	2
己$_{15}$煤层顶板岩层	24.6	26.6	12.2	2	32	2
砂泥岩层	24	19.7	12.5	9	40	9
砂岩层	25	34.5	6.85	13	46	13
戊$_9$煤层底板砂泥层	25	16.5	12.2	6	33	6
戊$_9$煤层	14	3.57	0.714	2	30	2
戊$_9$顶板层	24	48	9.6	6	36	6

表 5.5　煤岩体蠕变损伤计算参数

煤岩体	G_0/Pa	η_K/Pa·m	G_M/Pa	η_M/Pa·m	Yelth/MPa	n	透气系数
己$_{15}$煤层	1×10^9	1×10^{11}	1.8×10^9	1×10^6	12×10^6	1 或 6	1.0
砂泥岩层	1.22×10^{10}	7.1×10^{11}	4.5×10^9	1.2×10^6	12×10^6	1 或 6	0.01
砂岩层	1.22×10^{10}	7.1×10^{11}	4.5×10^9	1.2×10^6	12×10^6	1 或 6	0.1
戊$_9$煤层底板砂泥层	1.22×10^{10}	7.1×10^{11}	4.5×10^9	1.2×10^6	12×10^6	1 或 6	0.01
戊$_9$煤层	7.14×10^8	1×10^{11}	1.8×10^9	1×10^6	6×10^6	1 或 6	1.0

5.2.2　初始应力条件

考虑到上覆岩层自重,在计算初始应力过程中,上覆岩层产生的荷载采用等效荷载的形式,在模型顶部施加 10 MPa 的压应力。

为了更好地研究己$_{15}$煤层回采过程对上部戊$_9$煤层的影响,在数值计算过程中,在戊$_9$煤层的底板部位 $y=320$ m、$y=360$ m、$y=400$ m、$y=440$ m、$y=480$ m 等 5 个方向,设置了 5 条监测线,每条监测线布置了 93 个测点,用以监测戊$_9$煤层底板的位移变化情况。

图 5.13 至图 5.16 分别为计算模型的竖直方向初始地应力、最大主应力、中间主应力以及最小主应力等值线图。由于 FLAC3D 规定拉应力为正、压应力为负,因此,图 5.14 与图 5.16 中所示的 contour of SMin 与 contour of SMax 代表最大主应力与最小主应力。

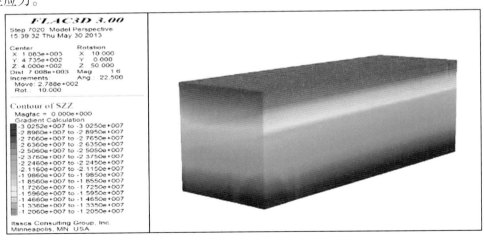

图 5.13　竖直方向初始地应力云图

待初始应力计算好后,为避免初始应力计算过程中产生的塑性区、位移场、速度场对后续计算产生影响,对模型在初始应力计算过程中产生的塑性区、位移场、速度场均清零。

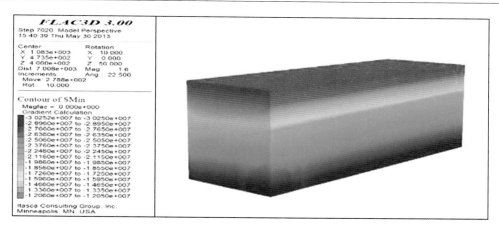

图 5.14   初始地应力最大主应力等值线图

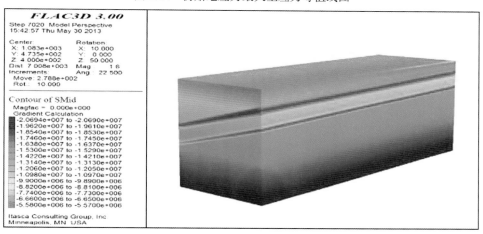

图 5.15   初始地应力中间主应力等值线图

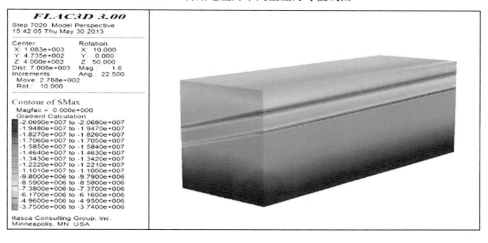

图 5.16   初始地应力最小主应力等值线图

5.2.3　采动影响下上覆岩层破坏规律

图 5.17 至图 5.19 分别为由蠕变损伤本构模型计算的上覆岩层塑性区扩展情况图。从图中可知,与前述计算相同,工作面顶板破坏首先是剪切破坏,由此顶板裂隙得到发育,进而发展为拉伸破坏,最终发生断裂或冒落。自煤层顶板由下而上,依次发育为拉伸破坏区域、剪切破坏区域和未破坏区域。随着工作面的推进,发生拉伸破坏的区域范围逐渐增大,而上部剪切破坏区域也在不断扩大,尤其是关键层破断时,这种现象更为明显。采动裂隙带岩层处于塑性破坏状态,采动裂隙发育,采动裂隙带上方直至基岩面,岩层基本未遭破坏。在采空区边缘,由于边界煤柱的存在,岩体处于拉压应力区,采动断裂发育充分,塑性区在此发育最高,形成两端高凸、中间低凹形状如马鞍状的分布形态。与 Mohr-Coulomb 本构计算结果相比,蠕变损伤本构模型计算的塑性区扩展更大。

从图中可以看出,老顶的破坏首先从岩梁两端及岩梁中下部出现拉破坏区,岩梁破坏的主要形式为拉破坏。随着推进距离的加大,开切眼一侧梁端上部扩展比较明显,岩梁中部下侧的拉应力区向开切眼一侧发育也较充分,总体破坏区表现出不对称性。

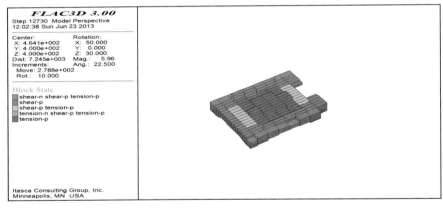

图 5.17　推进到 175 m 时上覆岩层塑性扩展区

塑形屈服的单元当前剪切破坏为 467 810 个,当前拉伸破坏为 495 480 个,过去剪切破坏为 4 954 800 个,过去拉伸破坏为 2 709 000 个。由蠕变损伤本构模型计算的图 5.20 上覆岩层塑性区扩展情况可知,与前述计算相同,工作面顶板破坏首先是剪切破坏,由此顶板裂隙得到发育,进而发展为拉伸破坏,最终发生断裂或冒落。

为了更好地描述岩土层的损伤扩展,采用 FLAC3D 自带的 FISH 语言,开发编制了 FLAC3D 可识别的损伤程序,对采动影响下岩土体的损伤破坏演化规律进行了计算。

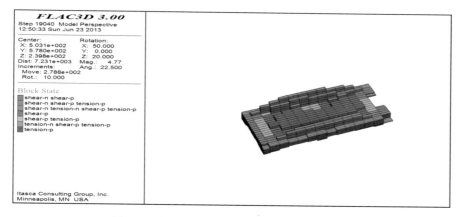

图 5.18 推进到 350 m 时上覆岩层塑性扩展区

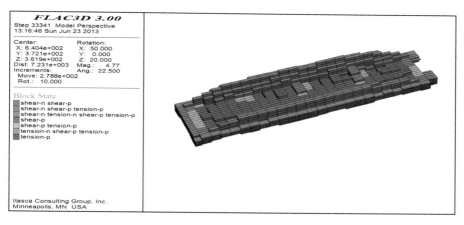

图 5.19 推进到 700 m 时上覆岩层塑性扩展区

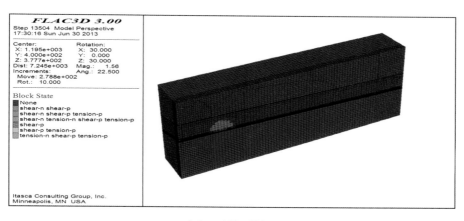

（a）$y = 400 \sim 800$ m

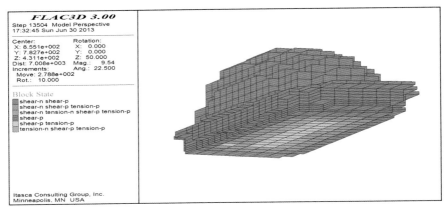

（b）塑性扩展区侧视图

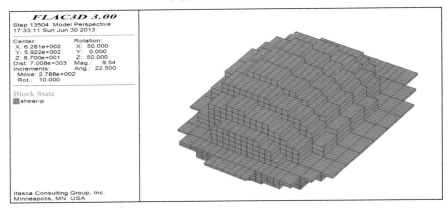

（c）塑性扩展区俯视图

图 5.20　上覆岩层塑性扩展区

计算过程中定义了一个额外变量（zextra），每一步计算产生的损伤均存储在这个变量里面，用于最后显示。由不同进尺下围岩损伤扩展规律图，分析出每次进尺都对顶板围岩造成不同程度的损伤，在顶板形成连续的损伤区域。顶板围岩的损伤扩展区域一直扩展到戊₉煤层的底部，这对戊₉煤层内部瓦斯的释放起到了很好的作用。

采用全部冒落法进行回采时，随着回采工作面的向前推进，采空区不断扩大，在上覆岩层中逐渐形成冒落、断裂及弯曲的特点。针对戊₉煤层底板 $y = 320$ m、$y = 360$ m、$y = 400$ m、$y = 440$ m、$y = 480$ m 等 5 条监测线如图 5.21 至图 5.25 所示。在不同回采推进时刻的下沉布置了监测线，可以看出随着回采工作面向前推进，戊₉煤层底板逐渐下沉，$y = 400$ m 既回采中线部位的下沉位移最大。

以 $y = 400$ m 监测线为例（图 5.23），工作面推进到 175 m 时的下沉量为 10.1 cm，工作面推进到 350 m 时的下沉量为 13.3 cm，工作面推进到 525 m 时的下沉量为 15.2 cm，工作面推进到 700 m 时的下沉量为 16 cm，工作面推进到 875 m 时的下沉量为 16.9 cm，工作面推进到 1 050 m 时的下沉量为 17.2 cm，工作面推进到 1 250 m 时的下沉量为 17.5 cm,工作面推进到 1 575 m 时的下沉量为 17.6 cm,而工作面推进到 1 750 m 时下沉量不再增加,仍为 17.6 cm。

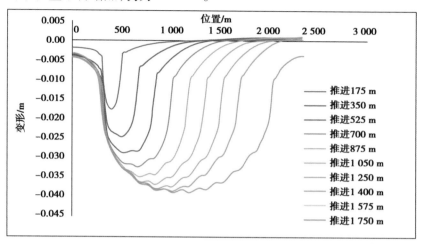

图 5.21　$y = 320$ m 监测线不同推进时戊₉煤层底板位移下沉曲线

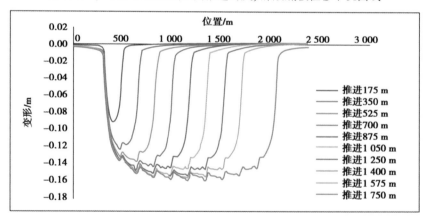

图 5.22　$y = 360$ m 监测线不同推进时戊₉煤层底板位移下沉曲线

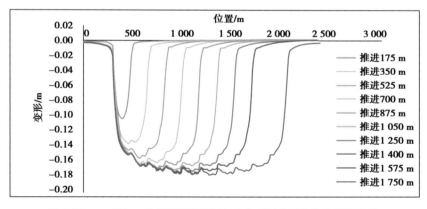

图 5.23　$y = 400$ m 监测线不同推进时戊₉煤层底板位移下沉曲线

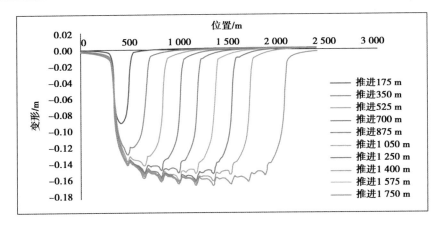

图 5.24　$y=440$ m 监测线不同推进时戊$_9$煤层底板位移下沉曲线

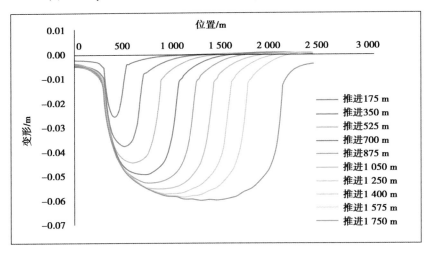

图 5.25　$y=480$ m 监测线不同推进时戊$_9$煤层底板位移下沉曲线

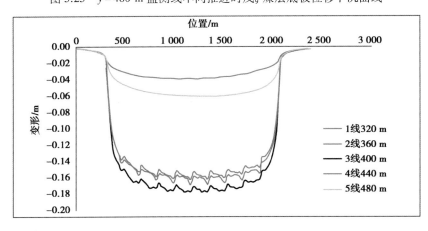

图 5.26　戊$_9$煤层底板不同监测线最终位移下沉曲线

图 5.26 为戊$_9$煤层底板不同监测线最终位移下沉曲线,可以看出 $y=400$ m 即回采中线部位的下沉位移最大,在 $y=320$ m 处戊$_9$煤层底板的位移变形量最小。

图 5.27 分别为己$_{15}$煤层 17200 综采工作面顶板 $y=400$ m 处不同监测点蠕变曲线。

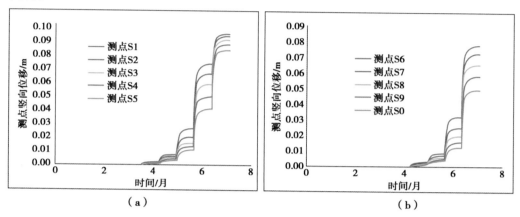

(a)　　　　　　　　　　　　　(b)

图 5.27　己$_{15}$煤层 17200 综采工作面顶板 $y=400$ m 处不同监测点蠕变曲线

煤层未开挖前,岩体处于平衡状态,一旦煤层开挖将引起周围岩体以及上覆岩层的应力重新分布,采动覆岩应力分布规律随开采步骤而不断调整变化。当煤岩层开挖后,沿煤层走向采空区上方覆岩出现充分卸压区,开切眼及工作面处出现应力集中,垂直应力基本呈对称分布。回采推进方向,采空区上覆岩层也出现充分卸压区,在两侧既进、回风巷附近出现应力集中,由于煤层倾角的影响,垂直应力呈非对称状态分布。

开采后,由于上覆岩体冒落移动,被煤层一定范围内应力近似呈"W"形分布,即在保护层开切眼上方采空区方向一定范围和工作面前方形成集中应力区。此范围内开采层应力增大,煤层透气性进一步降低,煤与瓦斯突出危险性增大;工作面前方一定范围内也存在一个应力集中区,采空区中部应力显著降低。

采动影响下覆岩破坏规律如下:

①随着回采工作面的推进,直接顶主要受开挖卸荷作用的影响,开挖后直接顶出现垂直层面向下的卸载膨胀变形,引起直接顶的离层、冒落,直接顶的破坏机理主要为拉破坏。

②老顶的破坏首先在岩梁两端及岩梁中下部出现拉伸破坏区,岩梁破坏的主要形式为拉破坏。随着推进距离的加大,开切眼一侧梁端上部扩展比较明显,岩梁中部下侧的拉应力区向开切眼一侧发育也较充分,总体破坏区表现出不对称性。

③数值模拟分析表明,开采后,由于覆岩冒落移动,距煤层一定范围内应力近似呈"W"形分布,即在保护层开切眼上方采空区方向一定范围和工作面前方形成集中应力区。此范围内被保护层应力增大,煤层透气性进一步降低,煤与瓦斯突出危险性

增大;工作面前方一定范围内也存在一个应力集中区,采空区中部应力显著降低。

④己$_{15}$煤层开采后上覆岩层形成的断裂带内破断裂隙和离层裂隙共生,其中断裂带上部以离层裂隙为主,下部以破断裂隙为主,且覆岩采动裂隙中穿层破断裂隙和岩层层面离层裂隙相互贯通;处于弯曲下沉带内的戊$_9$煤层受己$_{15}$煤层采动影响,产生膨胀变形,产生大量的离层裂隙和层内破断裂隙,较少产生层间破断裂隙。

⑤己$_{15}$煤层采动影响有利于戊$_9$煤层瓦斯等的流动释放,得到了采动覆岩裂隙与渗透性演化规律,总体趋势表现为气体渗流速度随综放循环的"冒落—压实—冒落"而发生"增大—减小—增大"的规律性变化。

基于钻孔成像的采动裂隙场及瓦斯运移规律研究

6.1 基于钻孔成像的采动裂隙场现场观测

6.1.1 裂隙场观测设备

CXK6 矿用本安型钻孔成像仪摒弃现有的视频采集卡、控制器、笔记本电脑与探头组合的系统结构模式和剖面图人工编辑模式,而采用先进的 DSP 图像采集与处理技术,系统高度集成,探头全景摄像,剖面实时自动提取,图像清晰逼真,深度自动准确校准,可对所有的观测孔进行全方位、全柱面的观测成像(垂直孔/水平孔/斜孔/俯、仰角孔),是国内最先进的一套孔内光学成像系统(图 6.1)。

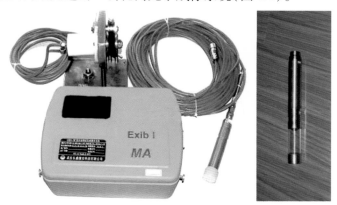

图 6.1 CXK6 矿用本安型钻孔成像系统

CXK6 矿用本安型钻孔成像仪是在 JL-IDOI(A)智能钻孔电视成像仪的基础上,根据煤矿井下的地质条件和工作环境特别改进设计的钻孔全景成像设备,可用于观测：

①矿体矿脉厚度、倾向和倾角；

②地层岩性和岩体结构构造等；

③观测和定量分析煤层等矿体走向、厚度、倾向、倾角，以及层内夹矸及与顶板岩层的离层裂缝程度等；

④断层裂隙产状及发育情况；

⑤含水断层、溶沟溶洞、岩层水流向等；

⑥煤矿顶板地质构造、煤层赋存、工作面前方断层构造、上覆岩层导水裂隙带等探测。

该设备不仅能实时直观地观测到钻孔内的各种结构构造，而且能将整个钻孔进行成像并展开成平面图和三维柱状图，可以生动直观地再现孔内结构体并进行定量分析；可以有效探测煤层产状、厚度等赋存情况，合理科学地指导组织生产；通过对同一钻孔的周期性对比观测成像，可以揭示煤层巷道围岩节理、断层和裂隙等发育变形情况，预测巷道顶板离层冒落、巷道失稳等地下灾害的发展趋势，为采取科学有效的预防处理措施提供参考，降低开采风险和生产成本；可以对巷道的支护设计、围岩注浆加固及巷道修复等有效性进行评估并提供真实有效的技术数据，提高煤矿井下生产的安全性。

为了实测得到矿区采后覆岩裂隙场发育情况，需要施工观测钻孔。以往的方式是单一依靠钻孔冲洗液漏失量和钻孔取芯来评价裂隙的渗透性。而采用钻孔成像仪可以直观地观测采场覆岩层的岩性结构特征、裂隙发育特征等，从而为确定覆岩类型、分析计算等提供参数依据和资料解释。

在平煤神马集团十矿北翼东区戊组设置瓦斯抽采专用巷道，施工钻孔参数见表6.1。利用 CXK6-Z 矿用本安型钻孔成像仪对钻孔中裂隙发育情况进行扫描，并统计裂隙场发育情况（图6.2、图6.3）。

表 6.1　观测孔参数表

编　　号	孔深/m	终孔与采面垂距离/m	终孔与采面水平距离/m	钻孔水位/m
1#	90	90.8	109.4	−11.6
2#	150	39.5	170.54	−34.5
3#	184	34.3	221.15	−26.1
4#	160	64.3	139.29	−25.1
5#	91	91.85	108.69	−30.3
6#	91.5	91.27	109.01	−56.3
7#	129	61.5	152.75	−78.4
8#	94.5	101.89	109.7	−62.7

编　号	孔深/m	终孔与采面垂距离/m	终孔与采面水平距离/m	钻孔水位/m
9#	73.5	94.91	109.13	−51.6
10#	67.5	105.4	109.97	−39.8
11#	69	109.1	108.89	−45.2
12#	66	107.57	109.05	−57.2

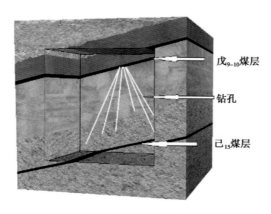

图 6.2　钻孔位置布置三维空间图

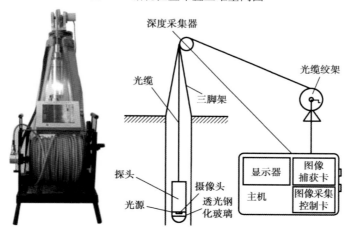

图 6.3　钻孔成像仪系统结构

CXK6 矿用本安型钻孔成像仪自动准确校准深度,可对所有的观测孔全方位、全柱面观测成像,得到的图像不但可以被用于定性地识别钻孔内的情况,还可以被用来定量地分析钻孔中的地质现象,如裂隙的宽度、倾角和产状等,其优点弥补了常规地质勘探技术的不足。

通过对钻孔进行扫描得到柱状钻孔图,裂隙平面和孔壁交切得到裂隙展开的余弦图像即裂隙面与孔壁的交线关系,如图 6.4 所示。

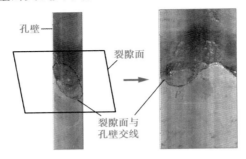

图 6.4　裂隙平面和孔壁交切得到裂隙展开的余弦图

6.1.2　矿用本安型钻孔成像仪现场测试

钻孔成像测试采用 CXK6 矿用本安型钻孔成像仪对钻场布置的钻孔进行测试,从而对十二矿己$_{15}$-17200 采面采动影响下上覆岩层裂隙产状及发育情况进行观测,研究裂隙场演化规律(图 6.5)。

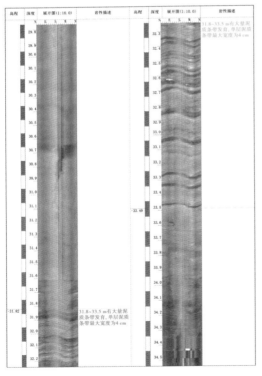

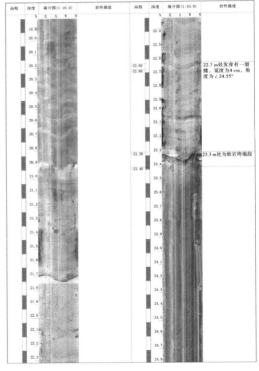

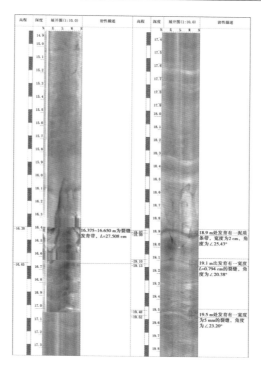

图 6.5   钻孔展开图

6.1.3   钻孔成像数据结果中裂隙的提取与分析

根据钻场试验区的具体情况,现场布置钻孔 12 个,如表 6.2 所示。其中 1 号钻孔为水孔,无法测量,选取其中的 2 号钻孔裂隙分布情况进行分析(表 6.2 中列出的为较大裂隙统计情况)。

表 6.2   下行 2 号孔数据分析表

序号	岩芯段起点深度/m	岩芯段终点深度/m	岩芯段长度/m	岩芯段终点绝对高程/m	岩芯段属性描述
0	16.375	16.65	0.275	−16.65	16.375 ~ 16.650 m 为裂缝发育带,$L=27.508$ cm
1	18.874	18.894	0.02	−18.894	18.9 m 处发育有一泥质条带,宽度为 2 cm,角度为∠25.43°
2	19.097	19.13	0.033	−19.13	19.1 m 处发育有一宽度 $L=0.794$ cm 的裂缝,角度为∠20.38°
3	19.485	19.523	0.038	−19.523	19.5 m 处发育有一宽度为 5 mm 的裂缝,角度为∠23.20°
4	31.821	33.487	1.666	−33.487	31.8 ~ 33.5 m 有大量泥质条带发育,单层泥质条带宽度最大为 4 cm

煤层开采后,随着采煤工作面的不断推进,将引起上覆岩层的移动与破断,形成采动裂隙带,同时上覆岩体的应力也将发生重新分布。在平煤神马集团十矿北翼东区戊组设置瓦斯抽采专用巷道,施工钻孔。利用 CXK6 矿用本安型钻孔成像仪对钻孔中裂隙发育情况进行扫描,统计出裂隙场发育情况,研究己$_{15}$-17200 采面覆岩裂隙场演化规律特征。采用 UDEC 软件进行数值模拟,对己$_{15}$-17200 采面覆岩裂隙场演化规律进行研究并分析其开采对戊$_{9-10}$煤层的影响,为超远距离保护层开采提供科学依据。

随着平煤神马集团十二矿己$_{15}$-17200 采面的推进,上覆煤岩体裂隙在采空区上方逐渐发展,并随工作面的前进由下向上、由后往前递次演变。平煤神马集团十二矿己$_{15}$-17200 采面回采后,上覆煤岩体内产生冒落、裂隙带和离层带,裂隙发育,在工作面内上角位置产生裂隙带,为裂隙充分发育区。

钻孔施工时设计孔深 150 m,钻孔过程中遇到覆岩导水裂隙带,钻孔冲洗液漏失量急剧增大,至终孔位置处不再返水,钻孔结束,因此钻孔终孔位置可认为是覆岩与冒落带与裂隙带边界。

岩层采动裂隙的分布既与岩层的岩性有关,同时也与岩层的完整程度有关。坚硬岩层内裂缝尺寸较大,以高角度纵向裂缝为主;软弱岩层内裂缝发展相对较多,以纵横交错的相交裂缝为主。

在整个观测段,共统计出裂缝 1 393 条,对其中发育较明显的 325 条主要裂缝进行统计分析(图 6.6)。倾角小于 20°的裂隙占 6%,倾角为 20°~29°的裂隙占 20%,倾角为 30°~39°的裂隙占 24%,倾角为 40°~49°的裂隙占 18%,倾角为 50°~59°的裂隙占 10%,倾角为 60°~69°的裂隙占 7%,倾角大于 70°的裂隙占 15%。其中倾角小于 50°的裂隙占 68%,比例较高,主要分布在己$_{15}$煤层覆岩 80m 以上的弯曲下沉带,而倾角大于 50°的高角度纵向裂隙则主要分布在距离采动煤层较近的岩层中。由此可知,采动裂隙场的主要特点是在离采空区垂距较远的岩层,裂隙发育以低角度甚至平行岩层层面的裂隙为主;在离采空区较近的岩层以高角度纵向裂隙和破碎的纵横交错的裂隙为主。

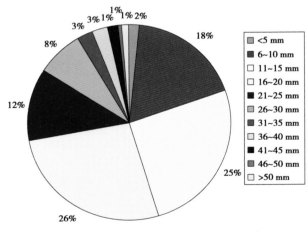

图 6.6 采动裂隙覆岩主要裂隙宽度分布

裂隙宽度反映了裂隙的发育程度。在采动影响下,随着钻孔深度的增加(距离煤层越近),发育的主裂隙宽度明显加宽。但是随着裂隙数量的增加,裂隙则以平行的微裂隙群分布为主。对整个钻孔观测段裂隙的宽度进行统计可知,裂隙宽度为 3.3~59 mm,其中以 6~25 mm 为主,宽度小于 25 mm 的裂隙占总数的 81%。

裂隙数量反映岩体受采动影响的程度,通过对钻孔成像检测结果的统计,得到裂隙数量与钻孔深度关系频度直方图(图6.7)。随着与采面距离的减少,裂隙数量急剧增加,受采动影响程度加剧;覆岩高度超过 150 m 左右的区域也有一定数量的较小裂隙发育,并且随着开采的进行,裂隙宽度和数量有所增大,说明戊$_{9\text{-}10}$煤层底板开始受到己$_{15}$-17200 的采动影响,对其底板具有一定的增透作用。

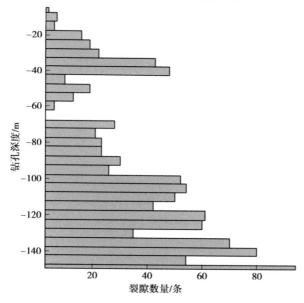

图 6.7　裂隙频度直方图

通过钻孔冲洗液漏失量急剧增加和钻孔成像仪探测结果可知,平煤神马集团十二矿己$_{15}$煤层覆岩裂隙带高度为 100.0~109.5 m,综放工作面覆岩破坏范围的形态呈现出两边高中间低的类似马鞍形,如图6.8 所示。勘测与前人研究不同在于,观测出微小贯通裂隙分布带处于传统"三带"的弯曲下沉带中,且与戊组煤层距离很近,达到 149.5 m 的高度,随着下部煤层的开采微小裂隙数量增加,裂隙宽度增大,对戊煤层增透作用增强。

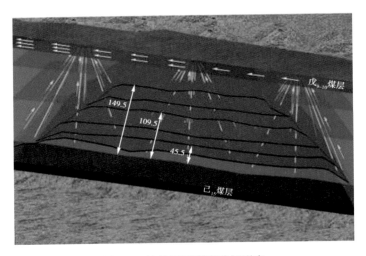

图 6.8　综放开采覆岩破坏形态

6.2　煤层覆岩裂隙区瓦斯运移

6.2.1　采动裂隙场演化规律

采用 UDEC 软件进行数值模拟,它以离散元法为理论基础,已经被广泛应用于岩体的非稳定性研究和节理裂隙等问题分析中。模拟煤岩块体选为莫尔-库仑弹塑性模型。

1) 数值计算模型

建立两个数值计算模型,即走向模型和倾斜模型。走向模型用来考察不同开采程度下覆岩裂隙场演化规律及对戊$_{9-10}$煤层的影响;倾斜模型是研究在倾斜方向上覆岩运移规律及对上部煤层的保护作用。

（1）模型的基本几何参数

以平煤神马集团十二矿己$_{15}$-17200 工作面作为研究对象,建立力学模型。煤层倾角按 15° 进行模拟,己$_{15}$煤层平均厚度为 4 m,沿 x 轴方向长 566 m、y 轴方向长 502 m、z 轴方向高 440 m。模型上边界施加其上方岩层的自重应力。

（2）模型的物理力学参数

为接近实际,在选取煤、岩体物理力学参数时,以煤层覆岩物理性质参数为根据（表 6.3）。

表 6.3 物理力学参数

节理类型	法向刚度/GPa	剪切刚度/GPa	内聚力/MPa	内摩擦角/(°)	抗拉强度/MPa
泥岩节理	15.09	5.89	0.66	28	0.5
砂岩节理	24.64	10.53	1.3	30	0.6
煤层节理	3.62	1.51	0.2	22	0.1

(3)计算模型边界条件

根据模型设计原则,在模型尺寸选取上考虑了消除边界效应的影响,据此确定边界条件如下:

模型左右两侧及底部均为法向位移约束,即左右边界限制水平方向位移,而允许节点沿垂直方向位移;底部边界限制垂直方向位移,而允许水平方向位移。模型的上部为载荷边界条件,根据模型埋深,按自重应力计算上部边界作用力。

$$\sigma_y = \overline{\rho}gH \tag{6.1}$$

式中　σ_y——垂直原岩应力,MPa;

$\overline{\rho}$——岩土层平均密度,取 2 500 kg/m³;

H——模型上边界距地表垂直距离,m。

平煤神马集团十矿己$_{15}$-17200 工作面采深平均为 550 m,覆岩平均密度为 2 500 kg/m³,可知上覆岩体加载压力为:

$$\sigma_y = \left[550-(440-49.5-70.5) \right] \times 9.81 \times 2\ 500 = 5.64(\text{MPa})$$

2)采动岩体裂隙演化数值模拟分析

在走向模型中模拟从 130 m 处的开切眼向右推进,工作面推进速度为每次 30 m,分 10 次开挖,一共模拟推进 300 m。工作面推进过程中,上覆岩层裂隙的演化过程及位移如图 6.9、图 6.10 所示。限于篇幅,这里对典型情况——工作面推进 30 m、90 m 和 150 m 及沿倾向进行分析。

采煤工作面从开切眼开始向右推进,在工作面后方形成一定的自由空间,由于现实中支架的支护作用以及直接顶本身有一定的强度,开挖 10 m 后,直接顶没有立即冒落。当工作面推进至 30 m 时,直接顶悬露面积超过自身允许值后,开始冒落,同时基本顶岩层开始出现水平离层裂隙,裂隙影响区域较小,影响高度在 15 m 左右;推进到 90 m 时,己$_{14}$煤层上覆砂质泥岩冒落,基本顶可以看作一端嵌入岩体,另一端悬于采空区悬臂梁,当悬露长度达到某一极限值后,基本顶发生断裂、冒落,下部已经冒落的岩层由于受到上方冒落岩层重力的作用,离层裂隙闭合,裂隙带影响高度增加,垂直位移较大区域扩展到 50 m 左右。工作面继续推进,基本顶周期性断裂,当工作面推到 150 m 时,煤层达到充分采动,由于岩石的碎胀性,采空区基本上被充满,上部覆岩有较小的离层,裂隙区影响高度达到 60 m 左右,垂直位移较大区域高度达到 90 m,戊$_{9-10}$煤层处于弯曲下沉带,煤层底板下沉急剧增加,说明戊$_{9-10}$煤层已经开始受到己$_{15}$-17200 的采动影响。

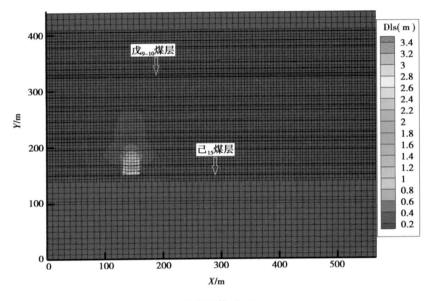

（a）工作面推进 30 m

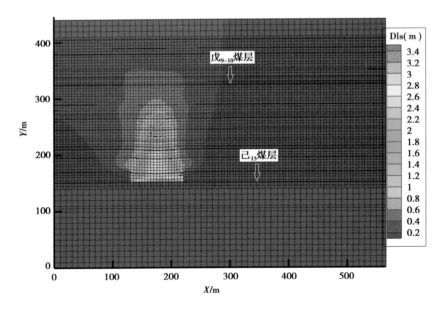

（b）工作面推进 90 m

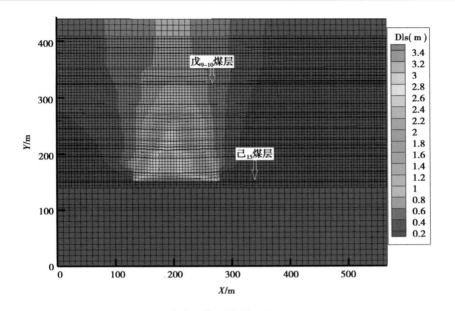

（c）工作面推进 150 m

图 6.9　不同推进距离覆岩裂隙场形态及位移量云图

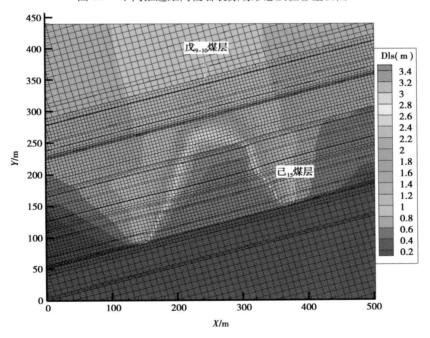

图 6.10　沿倾向裂隙场形态及位移云图

断裂角是冒落带显著断裂的位置点和断裂带离层发育的边界点连线与采空区一侧煤层平面的夹角。根据数值模拟结果，量得开切眼和工作面的断裂角分别为 69°和

66°,沿倾向的断裂角按与开切眼的断裂角相同为 69°。

6.2.2　多物理场耦合的瓦斯运移与富集规律

COMSOL 多物理场仿真分析软件涵盖结构力学、结构动力学、结构疲劳、热力学、流体力学(包括化学反应、多相流)、电磁、多场耦合功能,满足多物理场以及多场耦合仿真分析的需要。

软件以变分原理作为理论基础,通过偏微分方程进行模拟计算,可同时进行多个物理场的直接耦合求解,而非每次计算一个物理场的间接耦合,可轻易进行如多孔介质中渗流场、结构场、温度场等多个物理场的耦合分析。

该软件具有良好开放性,可实现与 MATLAB 以及 Simulink 混合编程,具有良好的开放性,在科研中可进行创新点研究。

COMSOL 采用求解偏微分方程(PDE)的方法求解许多物理现象,这些偏微分方程可以用来描述流场、温度场、结构场等。以变分原理作为理论基础,通过偏微分方程进行模拟计算,可同时进行多个物理场的直接耦合求解,而非每次计算一个物理场的间接耦合,可轻易进行涉及的如多孔介质中渗流场、结构场、温度场等多个物理场的耦合分析。

根据 UDEC 离散元程序与钻孔成像仪现场观测到的裂隙区域,在 COMSOL 中建立 3 个区域,第一个是冒落带,第二个区域是裂隙带,第三个区域是裂隙带上方的微小裂隙区域,如图 6.11 所示,最上方的是微小裂隙区域。因为本处主要考虑己组煤上覆岩体的变形特征,因而此处没有对裂隙区域以外的原岩进行建模,这样可以节省计算机资源,同时对瓦斯运移的观测更加明晰。

图 6.12 所示为裂隙区域建立完成并进行网格划分,同理,图 6.13 所示为冒落带建好后的网格划分图。模型走向长 800 m,倾斜长 250 m。在软件中增加了 DARCY 定律控制方程,各区域的渗透率参数采用本书试验室试验中得到的煤体渗透率和裂隙渗透率,瓦斯源由模型右侧的采煤工作面提供。

此处进行瞬态分析,时间为 1~10 000 s,初始瓦斯压力 5 MPa,随时间衰减到 0 MPa。

图 6.14 所示初始时间为 0 时刻,采煤工作面上瓦斯压力最大。从切面图上可看出瓦斯流线,瓦斯主要在冒落带的岩块中流动,流速较快。随着时间增长,冒落带中的瓦斯逐渐向裂隙带中运移。图 6.15 所示为瓦斯流量及矢量图,该图表征了瓦斯运移的方向及富集位置。图 6.16 所示时间序列完成后瓦斯的流动状态,除了在裂隙带内富集以外,瓦斯还向微裂隙区域产生孔隙级别的渗流。

利用钻孔成像技术和 UDEC4.0 数值分析软件,通过对己$_{15}$煤层开挖后上覆岩层裂隙场演化及裂隙分布特征的分析,得出以下主要结论:

①采动裂隙场的主要特点是在离采空区垂距较远的岩层,裂隙发育以低角度甚

至平行岩层层面的裂隙为主;在离采空区较近的岩层以高角度纵向裂隙和破碎的纵横交错的裂隙为主。

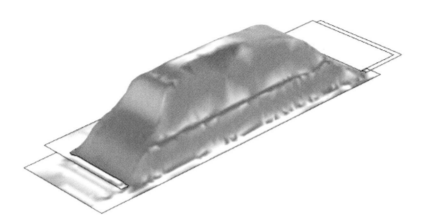

图 6.11 COMSOL 中生成的三带区域

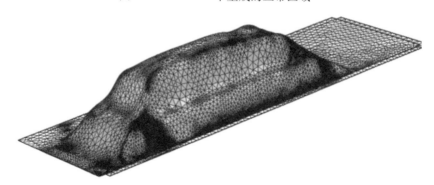

图 6.12 裂隙区域网格划分

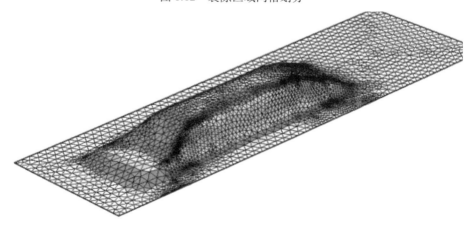

图 6.13 冒落带网格划分

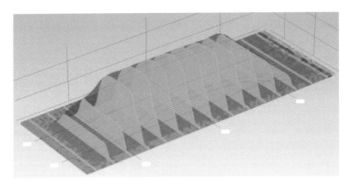

图 6.14　切面图及瓦斯流线图

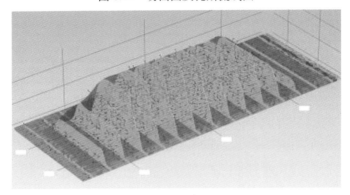

图 6.15　瓦斯流线及运移矢量图

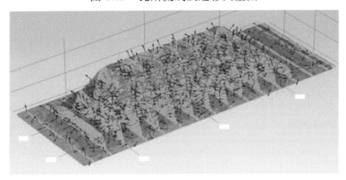

图 6.16　瓦斯在裂隙区域的运移与富集

②从裂隙分布的数量来看,随着与采面距离的减小,裂隙数量急剧增加,受采动影响程度加剧;覆岩高度超过 150 m 左右的区域也有一定数量的较小裂隙发育,并且随着开采的进行,裂隙宽度和数量有所增大,说明戊$_{9\text{-}10}$煤层底板开始受到己$_{15}$-17200的采动影响。

③当工作面推到 150 m 时,煤层达到充分采动,由于岩石的碎胀性,采空区基本上被充满,上部覆岩有较小的离层,裂隙区影响高度达到 60 m 左右,垂直位移较大区域高度达到 90 m,戊$_{9\text{-}10}$煤层处于弯曲下沉带,煤层底板下沉急剧增加,说明戊$_{9\text{-}10}$煤层

已经开始受到已$_{15}$-17200 的采动影响。

④通过比较钻孔成像裂隙场观测的试验结果和数值模拟试验,戊$_{9-10}$煤层处于采空区上方的弯曲下沉带中。当已$_{15}$煤层采面推进到 150 m 后,戊$_{9-10}$煤层下沉变形量加剧,钻孔成像结果中戊$_{9-10}$煤层底板纵横交错的裂隙呈增多趋势,说明受采动影响,戊$_{9-10}$煤层卸压充分,已$_{15}$煤层的开采对戊$_{9-10}$煤层具有一定的增透作用。

⑤工作面覆岩破坏范围的形态呈现出两边高中间低的类似马鞍形。研究结果与前人研究不同在于,观测出微小贯通裂隙分布带处于传统"三带"的弯曲下沉带中,且与戊组煤层距离很近,随着下部煤层的开采微小裂隙数量增加,裂隙宽度增大,对戊煤层增透作用增强。

7

多煤层开采卸压区瓦斯抽采优化设计

7.1 多煤层开采卸压区瓦斯抽采的理论基础

煤层的采动会引起其周围岩层产生"卸压增透"效应,即引起周围岩层地应力降低-卸压、孔隙与裂缝增生张开。上覆煤岩层冒落、破裂、下沉与下伏煤岩层破裂、上鼓以及地质构造封闭的破坏-封闭的地质构造因采动而开放、松弛,三者综合导致围岩及其煤层的透气性系数大幅度增加,为卸压瓦斯高产高效抽采创造前提条件。从卸压瓦斯流动通道观点看,采动破坏的造缝作用在采空区上方垂向方向形成"三带"——垮落带(形成贯通采场的空洞与裂缝网络通道)、断裂带(形成层向与垂向裂缝网络通道)和弯曲下沉带(形成层内层向裂缝网络通道)。煤层开采在上覆岩层中形成采动裂缝垂向分带。从卸压瓦斯流动观点看,岩层的冒落、自然充填的支撑和压实等作用,在采空区上方的横向方向也产生"三带"——初始卸压增透增流带、卸压充分高透高流带和地压恢复减透减流带,这横向的"三带"在垂向的断裂带和弯曲下沉带内都存在。煤层开采在其上覆岩层中形成的采动影响分带模型如图7.1 所示。

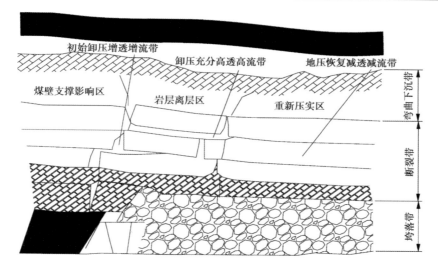

图 7.1　采动覆岩移动破坏三带和三区的分布

7.2　采煤工作面及采动裂隙场中瓦斯来源

　　煤层开采过程中,瓦斯原来的赋存平衡状态和流动状态被打破,卸压瓦斯通过煤层和围岩中形成的贯通裂隙,向采动裂隙场及工作面流动和扩散。瓦斯总是由高浓度的地方向着低浓度的地方扩散,直至压力平衡,采动裂隙场内部瓦斯浓度不同为瓦斯涌出提供了动力。

　　对于多煤层的工作面,采动裂隙场中的瓦斯主要来源是工作面瓦斯涌出、采空区遗煤的瓦斯涌出和邻近煤层瓦斯涌出。这些瓦斯地点即为瓦斯源,瓦斯源的多少以及各自涌出的瓦斯量的多少直接影响采动裂隙场的瓦斯含量。

　　(1)工作面瓦斯涌出

　　工作面瓦斯涌出是煤层中瓦斯流动的延续,工作面瓦斯涌出速率、单位面积及单位时间内瓦斯的涌出量与采煤的工序和暴露的时间密切相关,非恒定值。煤层开采后,工作面附近煤层受到支撑压力的影响发生破坏,煤层的透气性系数增大,使得暴露的煤壁及卸压带内瓦斯解吸进入到采动裂隙场中。

　　(2)采空区遗煤瓦斯涌出

　　采空区遗留煤炭解吸瓦斯主要由煤层的采出率控制,并受煤的瓦斯含量和暴露时间长短的影响。煤层开采后,周围环境压力的降低使得吸附在孔隙中的瓦斯逐渐解吸出来。遗煤瓦斯涌出是一个长期的过程,并且随着时间的推移呈衰减的态势。

　　(3)邻近煤层瓦斯涌出

　　来自邻近层的瓦斯涌出主要取决于邻近煤层的原始瓦斯含量、距开采煤层的距离、顶板管理方法和工作面的推进速度等。当厚煤层分层开采时,煤层开采后将引起上邻近煤层发生跨落、断裂和下沉移动,在上覆岩层中形成采动裂隙,改变了自身原始渗透率和封闭状态,从而使上下邻近层内的卸压瓦斯向开采层的采空区大量涌入,形成向采空区连续流动的瓦斯源。从邻近层涌入的瓦斯在浓度差和风流扰动的作用下,在采空区内重新分布,直至达到新的平衡。

7.3 采空区及采动裂隙场中瓦斯含量

从采空区及采动裂隙场瓦斯来源分析,预测出工作面瓦斯涌出量、采落煤瓦斯涌出量和邻近煤层瓦斯涌出量,就可以综合算出采空区及采动裂隙场中的瓦斯含量。

(1)工作面瓦斯涌出量

工作面的推进使得新鲜煤壁不断暴露,在近工作面处,由于支撑压力的影响,煤层的透气性系数增大,煤层瓦斯更容易涌出。工作面瓦斯涌出计算表达式如下:

$$q_1 = k_1 \cdot k_2 \cdot k_3 \frac{m_0}{m_1} \cdot (X_0 - X_1) \tag{7.1}$$

式中 k_1——围岩瓦斯涌出系数,其值取决于回采工作面顶板管理方法,平煤神马集团己$_{15}$工作面采用全部冒落法管理顶板,因此 $k_1 = 1.2$;

k_2——工作面遗煤瓦斯涌出系数,其值为工作面回采率的倒数,平煤神马集团己$_{15}$煤层为中厚煤层,按国家标准,工作面回采率应达到95%以上,这里取95%,因此 $k_2 = 1.05$;

k_3——准备的巷道预排瓦斯对工作面煤体瓦斯涌出影响系数,由 $k_3 = \dfrac{B-2b}{B}$(其中 B 为工作面回采宽度,b 为巷道宽度)计算可得 $k_3 = \dfrac{220-2\times4.4}{220} = 0.96$;

m_0——煤层的厚度,己$_{15}$-17200采面平均煤厚为3.5 m;

m_1——工作面采高,平均采高取为3.2 m;

X_0——煤层原始瓦斯含量,由资料可得 $X_0 = 15.256$ m^3/t;

X_1——煤的残存瓦斯含量,$X_1 = 6.686\ 7$ m^3/t。

由以上各式可以计算:

$$q_1 = 1.2\times1.05\times0.96\times\frac{3.5}{3.2}\times(15.256-6.686\ 7) = 11.337(\text{m}^3/\text{t})$$

(2)采空区遗煤瓦斯涌出量

根据平煤神马集团十矿己$_{15}$煤层的相关资料计算出采空区遗煤和临近煤层瓦斯涌出量共63 m^3/min,瓦斯涌出计算方法如下:

$$Q_s = \frac{Q_g \cdot \rho_g}{V} \tag{7.2}$$

式中　Q_s——瓦斯质量源项,$kg \cdot (m^3/s)^{-1}$;

　　　Q_g——瓦斯涌出量,m^3/s;

　　　ρ_g——瓦斯密度,$\rho_g = 0.716\ 7\ kg/m^3$;

　　　V——瓦斯质量源项所占总体积,m^3。

采空区遗煤瓦斯涌出量计算过程如下:

$$Q_s = \frac{Q_g \times \rho_g}{V} = \frac{\frac{63}{60} \times 0.716\ 7}{3.5 \times 220 \times 170} = 5.75 \times 10^{-6} \left[kg \cdot (m^3/s)^{-1} \right]$$

考虑到瓦斯涌出量随时间衰减,取瓦斯涌出时间为 120 天,则采空区遗煤瓦斯涌出量为 $10.26\ m^3/t$。

（3）邻近煤层瓦斯涌出量

由上邻近层或下邻近层向开采层采空区涌出的瓦斯量所受影响因素较多,国内外有关学者经过大量的理论与实践研究提出了一些计算公式:

$$q_2 = \sum_{i=1}^{n} \frac{m_i}{m_1} \cdot k_i \cdot (X_{0i} - X_{1i}) \tag{7.3}$$

式中　q_2——邻近层相对瓦斯涌出量,m^3/t;

　　　m_i——第 i 个邻近层厚度,m;

　　　m_1——开采层的开采厚度,m;

　　　X_{0i}——第 i 邻近层原始瓦斯含量,m^3/t;

　　　X_{1i}——第 i 邻近层残存瓦斯含量,m^3/t;

　　　k_i——受多种因素影响但主要取决于层间距离的第 i 邻近层瓦斯排放率。

邻近层瓦斯排放率与层间距离存在如下关系:

$$k_i = 1 - \frac{h_i}{h_p} \tag{7.4}$$

式中　k_i——第 i 邻近层瓦斯排放率;

　　　h_i——第 i 邻近层至开采层垂直距离,m;

　　　h_p——受开采层采动影响顶底板岩层形成贯穿裂隙的岩层破坏范围,m。

计算可得平均瓦斯排放率为 45.455%。

开采层顶板的影响范围由下式计算:

$$h_p = k_y \cdot m_1 \cdot (1.2 + \cos \alpha) \tag{7.5}$$

式中　k_y——取决于顶板管理方式的系数;

　　　m_1——开采层的开采厚度,m;

　　　α——煤层倾角度,(°)。

结合平煤神马集团十矿资料只考虑本煤层瓦斯涌出量,得到以上各变量的取值,计算可得:$q_2 = \dfrac{3.5}{3.2} \times 0.454\ 55 \times (15.265 - 6.686\ 7) = 4.264\ 8\ (m^3/t)$。

采空区及裂隙带瓦斯来源很复杂,影响因素较多,各种瓦斯涌出来源之间的分布不清楚,在研究中只考虑以上 3 种主要瓦斯来源作为对象。

7.4 瓦斯抽采钻孔的优化设计

根据研究成果得到均摊到采空区及裂隙带单位体积上瓦斯含量为 2.182 m^3/t,瓦斯含量较高,因此需要进行抽采。针对多煤层煤与瓦斯共采,提出顶板瓦斯专巷穿层钻孔法与本层瓦斯抽采顶板走向穿层钻孔法相结合对采空区及采动裂隙带进行远程瓦斯抽采,其技术构成框图如图 7.2 所示。

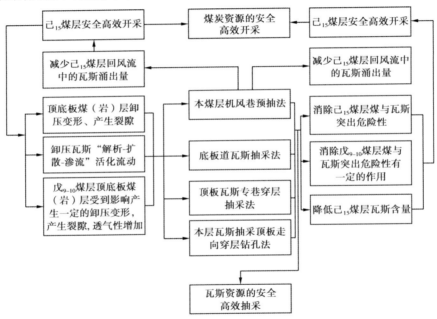

图 7.2 多煤层开采煤与卸压瓦斯共采技术构成框图

7.4.1 工程背景

研究的对象为己$_{15}$-17200 工作面与位于其上 170 m 的戊$_{9-10}$煤层。己$_{15}$-17200 工作面位于己七采区中部,布置在己$_{15}$煤层之中,南邻己$_{15}$-17180 工作面(2007 年 8 月回采结束);北邻己$_{15}$-17220 未开采实体煤工作面;东邻己$_7$煤层回风下山、轨道下山、皮带下山、乘人下山;西邻矿井井田边界。

己₁₅-17200 工作面煤层赋存较稳定,正常煤层为原生结构煤,煤的破坏类型为Ⅰ~Ⅱ类,局部为Ⅲ类,煤层节理较发育,煤层顶板为深灰色砂质泥岩,底板为黑色泥岩,透气性较差,煤厚 0.1~6.5 m,平均 3.15 m,煤层倾角 10°~40°,平均 19°,采长225.3 m,走向长 762.5 m,工作面标高−565.31~−483.167 m,垂深 785.31~658.48 m,可采储量为 67.3 万 t。原始瓦斯压力为 2.6 MPa,原始煤层瓦斯含量为 15.256 m³/t。

己₁₅-17200 工作面采用"U"形通风,风量为 1 800 m³/min,进、回风巷按规定安装有瓦斯、CO 传感器;每 50 m 配备一组压风自救设备,回风巷切眼向外 300 m 和 600 m处、进风巷切眼向外 380 m 和 710 m 处共构筑 4 个避难硐室。该工作面通风系统、检测监控系统、压风自救、避难硐室系统均已完善。煤层空间分布结构如图 7.3 所示。

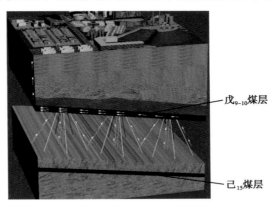

戊₉₋₁₀煤层

己₁₅煤层

图 7.3　煤层空间分布结构图

7.4.2　己₁₅-17200 工作面瓦斯抽采设计

在本煤层瓦斯抽采工作中,科学合理的钻孔间距对瓦斯抽采率和抽采成本起关键作用。钻孔布置间距与瓦斯有效抽采半径密切相关,而有效抽采半径随煤层预抽期的延长而逐渐增大。当抽采钻孔预抽时间至某一临界值时,有效抽采半径达到极限。若钻孔布置间距超出抽采极限半径两倍时将出现抽采"空白区",即无论如何延长煤层预抽期,煤层中抽采钻孔之间的部分游离瓦斯总无法抽出;若钻孔间距布置过于密集,钻孔在煤层预抽期容易出现串孔,而且抽采工艺的施工成本也会显著增加。因此,在本煤层瓦斯抽采参数设计时,需要科学合理地布置钻孔间距,以兼顾矿井预抽煤层瓦斯的安全和经济效益。由瓦斯抽采量预测理论可知,单孔抽采影响范围内煤层的瓦斯储量 Q_h 可表示为:

$$Q_h = \rho MlHW \tag{7.6}$$

式中　ρ——煤的密度,t/m³;

　　　M——单孔抽采影响距离,m;

　　　l——抽采钻孔长度,m;

H——抽采钻孔间距,m;

W——煤层原始瓦斯含量,m^3/t。

根据钻孔瓦斯流量衰减规律计算出 t 日单个钻孔抽采的瓦斯总量为:

$$Q_c = \int_0^t \frac{1\,440}{100} lq(t)\,\mathrm{d}t \tag{7.7}$$

式中　Q_c——经过 t 日单孔抽采的瓦斯总量,m^3;

t——瓦斯抽采时间,d;

l——抽采钻孔长度,m。

依据钻孔瓦斯抽采率的物理意义可知,经过 t 日后煤层瓦斯抽采率 η 可表示为:

$$\eta = \frac{Q_c}{Q_h} = \frac{\int_0^t \frac{1\,440}{100} lq(t)\,\mathrm{d}t}{\rho MlHW} \tag{7.8}$$

根据《煤矿安全规程》相关规定,在实际煤层瓦斯抽采参数设计时,要求煤层瓦斯预抽率应达到30%以上,本研究的优化设计设置抽采率为36%。因此,若以规程中瓦斯抽采率为指标,抽采钻孔间距的理论方程式为:

$$H = \frac{14.4}{\rho MW\eta} \int_0^t q(t)\,\mathrm{d}t \tag{7.9}$$

结合己$_{15}$-17200 工作面实际情况,平煤神马集团十矿采取顺层预抽钻孔与底抽巷穿层预抽钻孔区域瓦斯抽采措施,即进风巷施工 120 m、回风巷施工 70 m 顺层预抽钻孔,分别控制工作面上部 70 m 和下部 120 m 区域,底抽巷施工穿层预抽钻孔控制中部 55.3 m 区域,进、回风巷顺层预抽钻孔与底抽巷穿层预抽钻孔终孔位置各交叉 10 m,确保施工钻孔覆盖整个工作面,如图 7.4 所示。

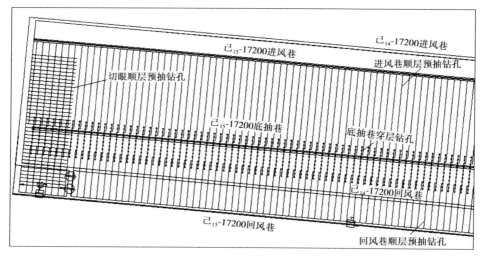

图 7.4　己$_{15}$-17200 工作面顺层、穿层预抽钻孔布置图

己$_{15}$-17200 进风巷顺层预抽钻孔设计孔径 89 mm,孔间距为 2 m,孔深 120 m。开孔位置距巷道底板向上 1.9~2.0 m,垂直煤壁施工,倾角 13°~25°,治理走向长度为 770 m,共设计顺层预抽钻孔 385 个。

己$_{15}$-17200 回风巷顺层预抽钻孔设计孔径 89 mm,孔间距为 1.4 m,孔深 70 m,垂直煤壁施工,倾角为 -25°~-14°,治理走向长度为 800 m,共设计顺层预抽钻孔 571 个。

己$_{15}$-17200 切眼顺层预抽钻孔设计孔径 89 mm,孔间距为 1.5 m,孔深 60 m,开孔距巷道底板向上 1.3~1.5 m,垂直于工作面回采方向煤壁,共设计顺层预抽钻孔 132 个。

己$_{15}$-17200 底抽巷穿层预抽钻孔设计孔径 75 mm,从停采线外 20 m 开始向己$_{15}$-17200工作面中部 55.3 m 区域施工穿层预抽钻孔,设计每组 11 个孔,组间距 5 m,终孔间距 5 m,上帮 1 号孔控制己$_{15}$-17200 回风巷顺层钻孔终孔交叉 10 m 位置,下帮 11 号孔控制己$_{15}$-17200 进风巷顺层钻孔终孔交叉 10 m 位置,共设计穿层预抽钻孔 156 组,1 716 个,施工图如图 7.5 所示。

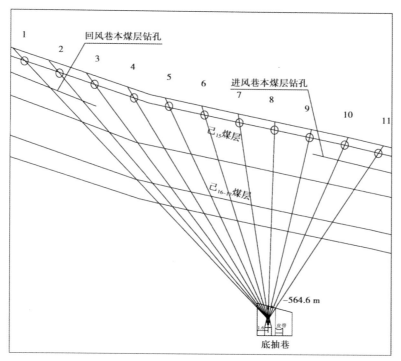

图 7.5 己$_{15}$-17200 底抽巷穿层抽采钻孔终孔施工图

7.4.3 己$_{15}$-17200 煤层煤与卸压瓦斯共采技术工艺优化设计

参照平煤神马集团十矿己$_{15}$-17200 综采工作面的具体尺寸,工作面长为 220 m,己$_{15}$-17200 综采工作面有一定的倾角,这里简化为水平,进风巷、回风巷宽取 3.0 m。

根据采空区与裂隙带瓦斯富集情况,采空区及采动裂隙场中瓦斯含量为 2.182 m³/t,具有抽采的价值和必要,因此设计以下抽采方法对其进行抽采。

（1）本层瓦斯抽采顶板走向穿层钻孔法

抽采冒落拱上方卸压区瓦斯的顶板走向钻孔布置如图 7.6(a)所示,在进风巷和回风巷布置瓦斯专区进行钻孔,每个专区设计钻孔 6 个,钻孔设计孔径 89 mm,孔深 150 m,钻孔方位如图 7.6(b)所示。治理走向长度为 800 m,进风巷共设计专区钻场 9 个,回风巷设置 9 个,进行冒落拱上方卸压区内瓦斯抽采。钻孔进孔到终孔整个阶段处于煤层顶板卸压区内,不受割煤影响,即采煤工作面采过之后,钻孔不会遭到直接破坏,仍能继续抽采裂隙拱区域内的瓦斯,实现煤与瓦斯共采。

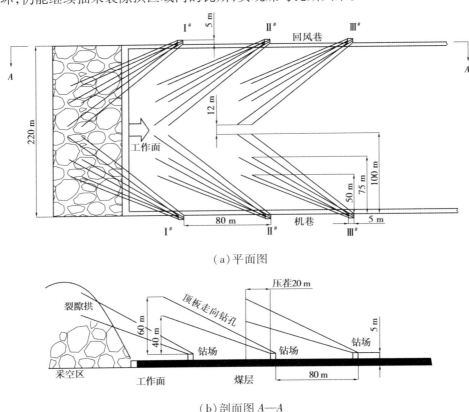

（a）平面图

（b）剖面图 A—A

图 7.6　本层瓦斯抽采顶板走向穿层钻孔布置

采用如图 7.6 所示的顶板走向穿层钻孔方法抽采冒落拱上方的卸压瓦斯,以降低采空区瓦斯涌出,有效利用卸压区瓦斯,保证已$_{15}$煤层工作面安全顺利回采,抽采瓦斯纯量为 2~10 m³/min。

（2）顶板瓦斯专巷穿层抽采法

位于裂隙拱上方的弯曲下沉带,由于卸压也会产生较小的裂隙(由钻孔成像仪观测),在己$_{15}$-17200采面上方垂距170 m的戊$_{9-10}$煤层设置瓦斯专用巷道,设置下向钻孔,对己$_{15}$-17200采面覆岩裂隙拱上方的弯曲下沉带及裂隙带中赋存的瓦斯进行抽采。

在戊$_{9-10}$煤层布置瓦斯专用巷道进行钻孔,每个瓦斯专巷设计钻孔12个。其中,8个发散状钻孔两两夹角为45°,钻孔与煤层倾角呈60°,钻孔设计孔径89 mm,孔深180 m。4个钻孔孔深155 m,钻孔倾角垂直与煤层,钻孔方位如图7.7所示。可利用戊$_{9-10}$煤层采煤区已有巷道改造,首个瓦斯抽采专用巷道距开切眼水平方向距离为90 m,以后两两间距为180 m,共设计瓦斯抽采专用钻场5个,治理走向长度为800 m。下部采煤工作面采过后,钻孔不会遭到直接破坏,仍能继续抽采裂隙拱区域和弯曲下沉带内的瓦斯,与冒落拱上方卸压区瓦斯的顶板走向钻孔更好地控制己$_{15}$-17200采面卸压区,并对瓦斯高效地进行抽采。

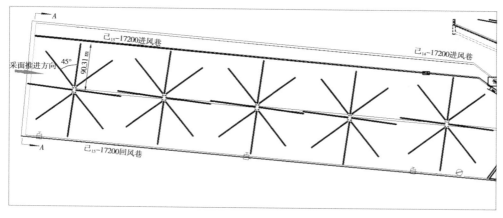

（a）钻孔布置图

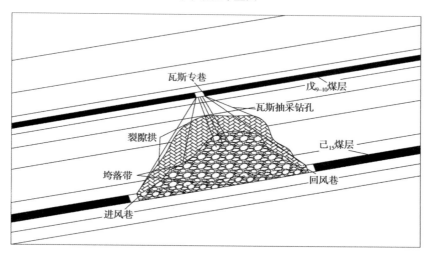

（b）A—A截面示意图

图7.7　顶板瓦斯专巷穿层抽采法

图 7.8 所示为顶板瓦斯专巷穿层抽采法的三维效果图,图 7.9 所示为借鉴前文数值计算模型进行二维分析,得到的瓦斯在裂隙区域中的流动状态及流动过程。图 7.10显示的是穿层钻孔法的抽采效果,图 7.10(a)的瓦斯浓度控制区域较大,大部分裂隙场中都有瓦斯,图 7.10(b)中由于钻孔抽采效果较好,瓦斯在裂隙场中的含量大幅减少。因此,数值模拟验证了"顶板瓦斯专巷穿层抽采法"的可行性。

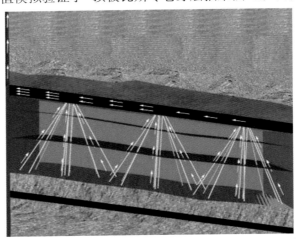

图 7.8　顶板瓦斯专巷穿层抽采法抽采效果图

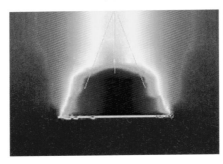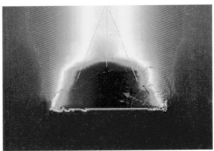

图 7.9　顶板瓦斯专巷穿层抽采法瓦斯流动等值线图

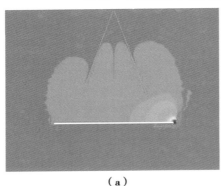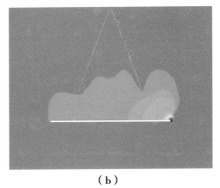

（a）　　　　　　　　　　　　　（b）

图 7.10　顶板瓦斯专巷穿层抽采法抽采效果图

7.5　多煤层开采煤与瓦斯共采现场实践

7.5.1　现场试验区概况

为了验证7.4节提出的抽采钻孔优化设计,在平煤神马集团十矿进行了现场抽采钻孔试验。根据研究计划,现场试验区拟定于北翼东区戊组,斜巷开口在东区戊组轨道下山与专回下山之间的联络巷内。

现场试验区位置如图7.11中蓝色正方形所示,位于己$_{15}$-17200采面正上方。

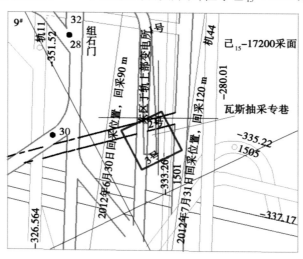

图7.11　现场试验区位置

瓦斯专巷高度保持在3.0 m以上,瓦斯专巷开口在东区戊组轨道下山与专回下山之间的联络巷内1点前39.5 m处,给12°下坡腰线施工,巷顶穿过戊$_{11}$煤层2 m时撤腰线。对于瓦斯专巷的巷道断面及支护形式,斜巷部分使用小四节拱支架,棚距700 mm(中-中),帮顶加金属网固定。瓦斯专巷施工时,需穿越戊$_8$、戊$_{9-10}$合层、戊$_{11}$煤层及各层夹矸。

瓦斯专巷施工揭露的煤层参数为:戊$_8$煤厚1.0 m,戊$_8$与戊$_9$夹矸厚4.0 m,戊$_9$、戊$_{10}$、戊$_{11}$煤该处为合层,厚7.0 m,专巷走平位置距戊$_{11}$煤层底板2.0 m。

钻场使用大四节拱支架,棚距700 mm(中-中),帮顶加金属网固定。钻场层位在戊$_{11}$煤层底板以下2 m。

7.5.2　钻孔瓦斯抽采参数测定

监测仪器:CJG10光干涉式甲烷测定器Ex(图7.12);测定气体:CH$_4$;量程:0~10%CH$_4$。

钻场钻孔实际分布情况如图 7.13 所示。

图 7.12　CJG10 光干涉式甲烷测定器 Ex

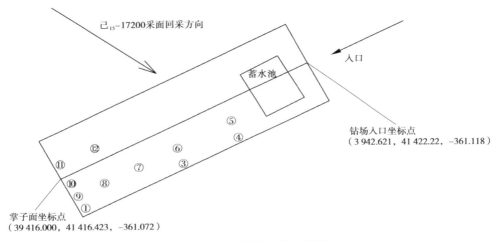

图 7.13　钻场钻孔实际布置图

下行钻孔具体参数如表 7.1 所示。

表 7.1　下行钻孔参数

钻孔编号	钻孔初始位置坐标	成孔日期	孔径/mm	孔深/m	仰俯角	钻孔垂深/m	方位角	初始浓度/%	负压/mmHg	钻孔施工情况描述
1#	(38 441 416.5,　3 739 416.5,−361)	2012/8/1	89	−90	−90°	−90	0°	100	220	全岩不出水,拔出
2#	(38 441 418,　3 739 416,−361)	2012/8/6	89	−80	−60°	−129.9	161.512°	100	220	全岩
3#	(38 441 420,　3 739 420,−361)	2012/8/10	89	−184	−60°	−159.3	116.512°	100	220	1~120 m 全岩,121~123 m 煤
4#	(38 441 423,　3 739 425,−361)	2012/8/15	89	−160	−60°	−138.6	56.512°	100	220	全岩不出水,见裂隙

续表

钻孔编号	钻孔初始位置坐标	成孔日期	孔径/mm	孔深/m	仰俯角	钻孔垂深/m	方位角	初始浓度/%	负压/mmHg	钻孔施工情况描述
5#	(38 441 422, 3 739 425,−361)	2012/8/19	89	−91	−90°	−91.0	0°	100	260	全岩不出水,见裂隙
6#	(38 441 421, 3 739 423,−361)	2012/8/24	89	−91.5	−90°	−91.5	0°	100	220	全岩不出水,见裂隙
7#	(38 441 419, 3 739 420,−361)	2012/8/28	89	−129	−70°	−121.2	116.512°	100	220	全岩不出水,见裂隙
8#	(38 441 417, 3 739 416,−361)	2012/8/31	89	−94.5	−90°	−94.5	0°	100	220	全岩不出水,见裂隙
9#	(38 441 417, 3 739 417,−361)	2012/9/2	89	−73.5	−90°	−73.5	0°	100	220	全岩不出水,见裂隙
10#	(38 441 416, 3 739 417,−361)	2012/9/8	89	−67.5	−80°	−66.5	206.512°	41		全岩不出水,见裂隙
11#	(38 441 415, 3 739 417.5,−361)	2012/9/11	89	−69	−80°	−68.0	206.512°	81		全岩不出水,见裂隙
12#	(38 441 417, 3 739 420,−361)	2012/9/14	89	−66	−80°	−65.0	206.512°	56		全岩不出水,见裂隙

钻孔瓦斯抽采巡采如表 7.2 所示。

表 7.2　钻孔瓦斯抽采巡检表

日期	2 号钻孔浓度/%	3 号钻孔浓度/%	4 号钻孔浓度/%	5 号钻孔浓度/%	6 号钻孔浓度/%	7 号钻孔浓度/%	8 号钻孔浓度/%	9 号钻孔浓度/%	10 号钻孔浓度/%	11 号钻孔浓度/%	12 号钻孔浓度/%
2012/8/24	45	45	100								
2012/8/25	50	60	85								
2012/8/26	45	47	100								
2012/8/30	70	50	10								
2012/9/1	28	65	33	33		28					
2012/9/5	90	82	0	40		10	40	85			
2012/9/8	90	82	0	40		10	40	85			
2012/9/12	30	35	3	42		5	28	50			
2012/9/19	80	66	0	6	3	8	35	17	41	81	56
2012/9/21	75	60	0	6	3	32	32	12	40	80	52
2012/10/5	95	3(关)	59	65	36	13	5	61	2	65	40
2012/10/10	70	2(关)	63	70	25	10	50	50	5	57	38
2012/10/15	47	2(关)	75	80	15	22	47	35	3	87	38
2012/10/19	17	0	80	80	33	0	0	33	0	88	80

设计钻孔 12 个,实际钻孔 37 个。后期巡检只测定总管参数(表 7.3)。

表 7.3　总管瓦抽采巡检表

测量日期	孔号	浓度/%	负压/mmHg	流量压差/mmHg	纯量/($m^3 \cdot min^{-1}$)
10 月 20 日 9 点 20 分	总管	26			
10 月 20 日 9 点 40 分	总管	30			
10 月 20 日 10 点	总管	38			
10 月 26 日	总管	53	12		
11 月 15 日	总管	92	140	4	
11 月 28 日	总管	75	140	4	
11 月 26 日	总管	70		6～8	
12 月 5 日	总管	60	140	5	
12 月 7 日	总管	55	10	3.8	2.1
12 月 9 日	总管	32	150	5	
12 月 14 日	22	63			
12 月 14 日	总管	63	190	5	
12 月 19 日	总管	57	13	4.28	2.44

现场试验区位于北翼东区戊组,斜巷开口在东区戊组轨道下山与专回下山之间的联络巷内。斜巷开口在东区戊组轨道下山与专回下山之间的联络巷内 1 点前 39.5 m 处,给 12°下坡腰线施工,巷顶穿过戊$_{11}$煤层 2 m 时撤腰线,水平施工,打钻巷走平位置距戊$_{11}$煤层底板 2.0 m。钻场与平煤神马集团十二矿己$_{15}$-17200 采面空间相对位置如图 7.13 所示。

随着矿己$_{15}$-17200 回采工作面的推进,对上覆岩层裂隙场分布产生影响,瓦斯运移情况随裂隙场的变化而变化,随着工作面的推进,裂隙逐渐发育,瓦斯浓度上升。由于钻孔的联网抽采,钻场覆盖区域抽采效果逐渐显现,裂隙带瓦斯浓度逐渐减小。由于单孔抽采量及抽采瓦斯浓度观测时间短,未能得到更明显的瓦斯抽采效果对比云图,但根据总管瓦斯抽采巡检情况可知,钻孔抽采 120 天以后瓦斯浓度基本稳定在 60%左右。抽采 240 天以后,钻孔瓦斯浓度基本衰减至 5%以下,钻孔衰减周期较长,抽采效果好。平均纯量为 1.2 m^3/min,共计抽采时间为 242 天,每天平均抽采 20 h,共抽 41.817 6 万 m^3。

随着己$_{15}$-17200 采面的回采,原始状态的瓦斯分布发生变化,而钻孔的抽采作用也使原始覆岩瓦斯的分布发生变化。若只考虑试验钻孔的影响,根据现场布孔及数据采集情况,对 9 月 19 日、9 月 21 日、10 月 5 日、10 月 10 日、10 月 15 日瓦斯浓度进行分析并绘制出瓦斯浓度水平面分布云图。

钻场与己$_{15}$-17200 采面垂距达 170 m,己$_{15}$-17200 回采工作面的推进对上覆岩层裂隙场分布产生影响。瓦斯运移情况随裂隙场的变化而变化,随着工作面的推进,裂隙逐渐发育。在戊$_{9\text{-}10}$煤层设计远程瓦斯专用巷道对下部煤层采动裂隙带内赋存瓦斯进行抽采。现场对试验钻孔抽采浓度进行了 242 天的检测可知,钻孔的施工影响了瓦斯的原始分布、覆岩中的瓦斯分布;施工的钻孔位于空间左侧,钻孔抽采作用明显,覆岩瓦斯向钻孔区域汇集,整个区域瓦斯浓度有所下降。

7.5.3　抽采效果分析

对本煤层瓦斯预抽钻孔抽采效果进行如下分析:

$$m_{煤储量} = \frac{Q_{总储量}}{Q_{单位储量}} \tag{7.10}$$

$$Q_{残余量} = Q_{单位残余量} \times m_{煤储量} \tag{7.11}$$

$$Q_{抽采量} = Q_{总储量} - Q_{残余量} \tag{7.12}$$

$$\eta_{本层抽采量} = \frac{Q_{总抽采量}}{Q_{总储量}} \times 100\% \tag{7.13}$$

式中　$Q_{总储量}$——本层煤原始瓦斯储量,m^3;

　　　$Q_{单位储量}$——本层煤单位瓦斯储量,m^3/t;

　　　$m_{煤储量}$——本层煤储量,t;

　　　$Q_{残余量}$——本层煤抽采后残余瓦斯含量,m^3;

　　　$Q_{单位残余量}$——本层煤抽采后单位残余瓦斯含量,m^3/t;

　　　$Q_{抽采量}$——本层煤抽采瓦斯量,m^3;

　　　$\eta_{本层抽采量}$——本层煤瓦斯抽采率。

由平煤神马集团己$_{15}$-17200 工作面瓦斯抽采资料见表 7.4 至表 7.6。

表 7.4　己$_{15}$-17200 工作面距切眼 505~565 m 瓦斯抽采效果分析表

控制区域/m	565~555	555~545	545~535	535~525	525~515	515~505	合　计
控制区域平均煤厚/m	3.9	3.7	3.5	3.4	3.4	3.2	3.5
原始瓦斯含量/m³	150 385	143 335	136 010	134 801	135 386	127 691	827 608.7
瓦斯抽采量/m³	73 555	85 512	89 143	72 827	68 055	74 848	463 939.7
残余瓦斯含量/(m³·t⁻¹)	7.794 1	6.154 4	5.257 0	7.013 9	7.587 2	6.313 5	6.686 7

表 7.5　己$_{15}$-17200 工作面距切眼 565~625 m 瓦斯抽采效果分析表

控制区域/m	625~615	615~605	605~595	595~585	585~575	575~565	合　计
控制区域平均煤厚/m	3.9	4.1	4.1	3.8	3.4	3.2	3.7
原始瓦斯含量/m³	151 353	157 751	157 865	146 481	133 519	125 216	872 185.1
瓦斯抽采量/m³	64 411	67 491	54 179	54 529	64 689	59 461	364 758.1
残余瓦斯含量/(m³·t⁻¹)	8.763 6	8.729 0	10.020 2	9.576 8	7.864 6	8.011 5	8.827 6

表 7.6　己$_{15}$-17200 工作面距切眼 625~785 m 瓦斯抽采效果分析表

控制区域/m	控制区煤厚/m	原始瓦斯含量/m^3	瓦斯抽采量/m^3	残余瓦斯含量/(m^3·t^{-1})
785~775	3.4	132 329	22 079	—
775~765	3.4	131 682	36 617	—
765~755	3.4	131 995	36 494	—
755~745	3.4	132 641	34 574	—
745~735	3.5	136 040	57 717	8.783 5
735~725	3.5	137 645	79 402	6.455 5
725~715	3.5	134 877	65 419	7.856 4
715~705	3.4	131 999	64 811	7.765 4
705~695	3.3	130 303	42 432	10.288 0
695~685	3.4	131 474	62 758	7.973 6
685~675	3.4	133 376	62 959	8.054 6
675~665	3.4	133 390	53 622	9.123 2
665~655	3.4	132 869	70 309	7.183 1
655~645	3.4	133 910	57 981	8.650 3
645~635	3.5	137 475	63 657	8.191 8
635~625	3.7	142 831	69 977	7.781 7
合计	—	2 012 508	858 729	8.175 6

　　根据计算分析,回风巷钻孔控制区域残余瓦斯含量最大为 5.035 9 m^3/t,最小为 2.207 1 m^3/t,平均为 3.369 9 m^3/t;低抽巷钻孔控制区域残余瓦斯含量最大为 10.945 1 m^3/t,最小为 7.747 2 m^3/t,平均为 8.974 2 m^3/t;进风巷钻孔控制区域残余瓦斯 含量最大为 7.794 1 m^3/t,最小为 5.257 m^3/t,平均为 6.686 7 m^3/t,整体残余瓦斯含量平 均为 6.686 7 m^3/t,如图 7.14 所示。

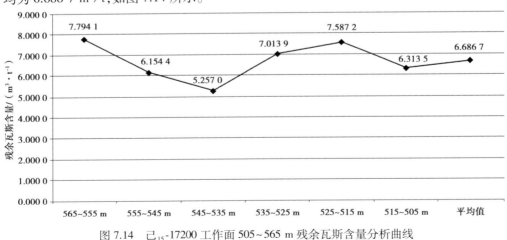

图 7.14　己$_{15}$-17200 工作面 505~565 m 残余瓦斯含量分析曲线

根据计算分析,回风巷钻孔控制区域残余瓦斯含量最大为 10.101 1 m^3/t,最小为 4.055 6 m^3/t,平均为 7.142 5 m^3/t;低抽巷钻孔控制区域残余瓦斯含量最大为11.886 3 m^3/t,最小为 7.642 3 m^3/t,平均为 10.817 9 m^3/t;进风巷钻孔控制区域残余瓦斯含量最大为 10.611 4 m^3/t,最小为 7.329 4 m^3/t,平均为 8.954 5 m^3/t,整体残余瓦斯含量平均为 8.827 6 m^3/t,如图 7.15 所示。

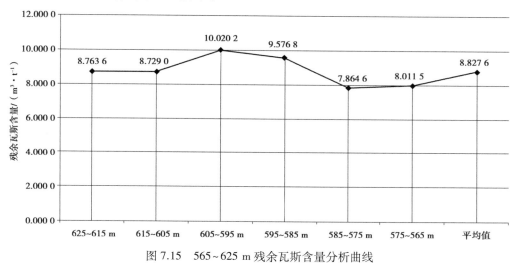

图 7.15　565~625 m 残余瓦斯含量分析曲线

通过查找相关资料及公式计算,得出己$_{15}$-17200 采面本层抽采率为 45.455%,如表 7.7 所示。

表 7.7　原设计瓦斯抽采率汇总表

工作面区段/m	$Q_{总储量}$/m³	$Q_{抽采量}$/m³	$\eta_{抽采率}$/%
505~565	827 608.7	463 939.7	56.058
565~625	872 185.1	364 758.1	41.821
625~785	2 012 508	858 729	42.670
总　计	3 712 302	1 687 426.8	45.455

7.5.4　试验区钻孔抽采情况

试验区戊组瓦专钻场位于己$_{15}$-17200 工作面垂直向上 170 m,水平方向距切眼向外 100 m 左右的区域,钻孔覆盖切眼向外 0~180 m 的区域,如图 7.16 所示。

2012 年 8 月 23 日开始抽采,10 月停抽。2012 年 11 月 7 日开始抽采,2013 年 5 月 12 日停抽。抽采 120 天以后,瓦斯浓度基本稳定在 60% 左右;抽采 240 天以后,钻孔瓦斯浓度基本衰减至 5% 以下;钻孔衰减周期较长,抽采效果好。平均抽采混量为

9 m³/min,平均纯量为 1.2 m³/min,共计抽采时间 242 天,每天平均抽采 20 h,共抽 41.817 6万 m³。

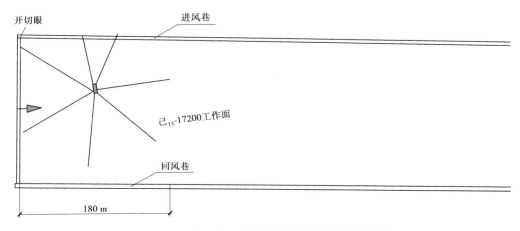

图 7.16　试验区戊组瓦斯专巷钻场控制范围示意图

顶板瓦斯专巷钻孔与原有设计的瓦斯抽采钻孔共同作用下抽采效率为:

$$\eta_{优化抽采率} = \frac{Q_{顶板瓦斯专巷抽采量} + Q_{控制范围原设计钻孔抽采量}}{Q'_{控制范围总储量}} \qquad (7.14)$$

假设工作面长度为 l,试验区瓦斯专巷钻孔的控制范围沿走向长度为 a,工作面采高 h,则试验区瓦斯专巷钻孔的控制范围的原始瓦斯储量为:

$$Q'_{控制范围总储量} = lhaQ_{单位储量} \qquad (7.15)$$

而控制范围原设计钻孔瓦斯抽采量为:

$$Q_{控制范围原设计钻孔抽采量} = lhaQ_{单位抽采量} \qquad (7.16)$$

单位体积抽采量可由下式计算得出:

$$Q_{单位抽采量} = \frac{Q_{距切眼505 \sim 785 \text{ m}段抽采总量}}{V_{505 \sim 785 \text{ m}段储煤体积}} \qquad (7.17)$$

通过上述式(7.14)至式(7.17),可得优化后抽采率为 62.98%,由表 7.7 可知原设计钻孔瓦斯抽采率为 45.455%,则优化设计后瓦斯抽采效率提高了 17.52%。如再结合本层瓦斯抽采顶板走向穿层钻孔法可以进一步提高瓦斯抽采率。

综上所述,在原设计本煤层机风巷预抽法及底板道瓦斯抽采法的基础上,应用顶板瓦斯专巷穿层抽采法后,可提高瓦斯抽采率 17.52%左右,对煤与瓦斯共采效率的提高有显著的效果,如再结合"本层瓦斯抽采顶板走向穿层钻孔法"可进一步提高瓦斯抽采效率。

覆岩受采动影响而产生的卸压效果,随着距开采层距离的增大而逐渐降低。在弯曲下沉带靠近裂隙带的区域,韧性岩层发生塑性变形,脆性岩层发生剪切破坏,距裂隙带一定距离后的部分处于弹性变形状态。由于弯曲下沉带卸压程度较低,裂隙发育不充分,煤岩体透气性增加不大,但被穿层钻孔覆盖的部分,煤岩体瓦斯得到了较为有效的抽采。由于穿层钻孔将己$_{15}$-17200上覆煤岩体的裂隙带与冒落带导通,在负压作用下,瓦斯沿离层裂隙进入钻孔,然后被抽采出来。

高瓦斯煤层煤与瓦斯共采是安全高效生产的需要,是开采煤与瓦斯两种资源的需要,也是保护环境的需要。

利用先采煤层的卸压增透增流效应,采用远程顶板瓦斯抽采专用巷道下向钻孔法、抽采冒落拱上方卸压区内瓦斯的顶板走向钻孔法与本层机风巷瓦斯预抽相结合的方法,使处于煤层采动影响卸压区范围内的瓦斯得到全面安全高效的抽采。

实践证明,这种煤与瓦斯卸压共采模式是可行的。本成果不仅对平煤神马集团高瓦斯煤层群开采中的煤与瓦斯高效共采具有实际的工程意义,而且也具有广泛的推广应用前景。

参 考 文 献

[1] Bai M, Elsworth D. Some aspects of mining under aquifers in China[J]. Mining Sci. Tech. , 1990, 10(1): 81-91.

[2] Palchik V. Influence of physical characteristics of weak rock mass on height of caved zone over abandoned subsurface coal mines[J]. Environmental Geology, 2002, 42 (1):92-101.

[3] Yavuz H. An Estimation method for cover pressure re-establishment distance and pressure distribution in the goaf of long wall coalmines[J]. International Journal of Rock Mechanics & Mining Sciences, 2004, 41(2):193-205.

[4] 刘天泉. 矿山岩体采动影响与控制工程学及其应用[J]. 煤炭学报, 1995,(01): 1-5.

[5] 钱鸣高, 刘听成. 矿山压力及其控制[M]. 北京: 煤炭工业出版社, 1991.

[6] 李树刚. 综放开采围岩活动及瓦斯运移[M]. 徐州: 中国矿业大学出版社, 2000.

[7] 刘泽功, 袁亮, 戴广龙, 等. 开采煤层顶板环形裂隙圈内走向长钻孔抽放瓦斯研究[J]. 中国工程科学, 2004, 6(5): 32-38.

[8] 赵保太, 林柏泉. "三软"不稳定低透气性煤层开采瓦斯涌出及防治技术[M]. 徐州: 中国矿业大学出版社, 2007.

[9] 杨科, 谢广祥. 采动裂隙分布及其演化特征的采厚效应[J]. 煤炭学报, 2008, 33 (10): 1092-1096.

[10] 刘悦, 黄强兵. 模拟堆载作用的黄土边坡土体变形机理试验[J]. 地球科学与环境学报, 2007, 29(2): 183-187.

[11] 刘妮娜, 门玉明, 刘洋. 地震动力作用下土-地铁隧道模型分析[J]. 地球科学与环境学报, 2009, 31(3): 295-298.

[12] 王吉渊. 围压对煤体力学性质影响的试验研究[J]. 煤矿安全, 2010, 41(12): 14-16.

[13] 蔡波, 吕存林, 董青山. 瓦斯压力对煤体力学性质的影响研究[C]. 中国金属协会, 2010:99-102.

［14］丁秀丽.岩体流变特性的试验研究及模型参数辨识［D］.武汉：中国科学院研究生院（武汉岩土力学研究所），2005.

［15］马咪娜.煤岩体蠕变本构关系及其稳定性研究［D］.西安：西安科技大学，2012.

［16］尹光志，李晓泉，赵洪宝，等.地应力对突出煤瓦斯渗流影响试验研究［J］.岩石力学与工程学报，2008，27（12）：2557-2561.

［17］周世宁，孙辑正.煤层瓦斯流动理论及其应用［J］.煤炭学报，1965（1）：24-37.

［18］郭勇义，周世宁.煤层瓦斯一维流场流动规律的完全解［J］.中国矿业学院学报，1984（2）：19-28.

［19］谭学术，鲜学福.复合岩体力学理论及其应用［M］.北京：煤炭工业出版社，1994.

［20］余楚新，鲜学福.煤层瓦斯流动理论及渗流控制方程的研究［J］.重庆大学学报：自然科学版，1989，12（5）：1-10.

［21］杨其銮，王佑安.煤屑瓦斯扩散理论及其应用［J］.煤炭学报，1986（3）：89-96.

［22］孙培德.煤层瓦斯动力学的基本模型［J］.西安矿业学院学报，1989（2）：7-13.

［23］罗新荣.煤层瓦斯运移物理模拟与理论分析［J］.中国矿业大学学报，1991（3）：55-61.

［24］陈永敏，周娟，刘文香，等.低速非达西渗流现象的试验论证［J］.重庆大学学报：自然科学版，2000，23（z1）：59-60.

［25］高明中.急倾斜煤层开采岩移基本规律的模型试验［J］.岩石力学与工程学报，2004，23（3）：441-445.

［26］李向阳，李俊平，周创兵，等.采空场覆岩变形数值模拟与相似模拟比较研究［J］.岩土力学，2005，26（12）：1907-1912.

［27］杨科，谢广祥，常聚才.不同采厚围岩力学特征的相似模拟试验研究［J］.煤炭学报，2009（11）：1446-1450.

［28］刘秀英，张永波.采空区覆岩移动规律的相似模拟试验研究［J］.太原理工大学学报，2004（1）：29-31+35.

［29］徐涛，唐春安，宋力，等.含瓦斯煤岩破裂过程流固耦合数值模拟［J］.岩石力学与工程学报，2005，24（10）：1667-1673.

［30］尹光志，李铭辉，李生舟，等.基于含瓦斯煤岩固气耦合模型的钻孔抽采瓦斯三维数值模拟［J］.煤炭学报，2013，38（4）：535-541.

［31］杨天鸿.岩石破裂过程渗透性质及其与应力耦合作用研究［D］.沈阳：东北大学，2001.

［32］许灿荣.基于COMSOL的近距离下保护层开采瓦斯流动模型［D］.焦作：河南理工大学，2012.

［33］张玉军，张华兴，陈佩佩.覆岩及采动岩体裂隙场分布特征的可视化探测［J］.煤炭学报，2008，33（11）：1216-1219.

［34］刘福权.全景式钻孔电视成像技术在钻孔编录中的应用研究［J］.岩土工程界，2008（11）：70-73.

［35］ 钱鸣高,许家林,缪协兴.煤矿绿色开采技术[J].中国矿业大学学报,2003(04):
5-10.

［36］ Li Shugang,Qian Minggao,Xu Jialin. Simultaneous extraction of coal and coalbed methane in China[J].Mining Science and Technology'99,1999,(10):357-360.

［37］ 李树刚,钱鸣高.我国煤层与甲烷安全共采技术的可行性[J].科技导报,2000
(06):39-41.

［38］ 李树刚,李生彩,林海飞,等.卸压瓦斯抽取及煤与瓦斯共采技术研究[J].西安科技学院学报,2002(03):247-249+263.

［39］ 李树刚,林海飞,成连华.煤与瓦斯安全共采基础理论研究进展[J].陕西煤炭,
2005(增):25-29.

［40］ 吴财芳,曾勇,秦勇.煤与瓦斯共采技术的研究现状及其应用发展[J].中国矿业大学学报,2004,33(2):137-140.

［41］ Li Shugang,Lin Haifei. Migration and accumulation characteristic of methane in mining fissure elliptic paraboloid zone. In:Wang Yajun, Huang Ping, Li Shengcai, eds.

［42］ Proceedings,2004 International Symposium on Safety Science and Technology. Vol Ⅳ. Beijing:Science Press,2004:576-581.

［43］ 钱鸣高,石平五.矿山压力与岩层控制[M].徐州:中国矿业大学出版社,2003.

［44］ 宋振骐.实用矿山压力控制[M].徐州:中国矿业大学出版社,1988.

［45］ 钱鸣高,缪协兴,何富连.采场砌体梁结构的关键块分析[J].煤炭学报,1994,19
(6):557-563.

［46］ 侯忠杰,谢胜华.采场老顶断裂岩块失稳类型判断曲线讨论[J].矿山压力与顶板管理,2002(02):1-3+110.

［47］ 黄庆享,钱鸣高,石平五.浅埋煤层采场老顶周期来压的结构分析[J].煤炭学报,
1999,24(6):581-585.

［48］ 钱鸣高,朱德仁.老顶断裂模式及其对采面来压的影响[J].中国矿业大学学报,
1986,14(2):9-16.

［49］ 王亮,程远平,蒋静宇,等. 巨厚火成岩下采动裂隙场与瓦斯流动场耦合规律研究[J]. 煤炭学报,2010,35(08):1287-1293.

［50］ 齐庆新,彭庆伟,江有利,等.基于煤体采动裂隙场分区的瓦斯流动数值分析[J].煤矿开采,2010,15(05):8-10.

［51］ 李宏武,王利,李照军,等.长壁回采顶板围岩裂隙场演变数值模拟[J].煤矿现代化,2011(02):36-38.

［52］ 朱昌星,阮怀宁,朱珍德, 等.岩石非线性蠕变损伤模型的研究[J].岩土工程学报,2008(10):1510-1513.

［53］ 金丰年,范华林.岩石的非线性流变损伤模型及其应用研究[J].解放军理工大学学报:自然科学版,2000(03):1-5.

［54］宋勇军,雷胜友,刘向科.基于硬化和损伤效应的岩石非线性蠕变模型［J］.煤炭学报,2012,37(S2):287-292.

［55］J.C.耶格,N.G.W.库克.岩石力学基础［M］.中国科学院工程力学研究所,译.北京:科学出版社,1981:382-403.

［56］杨挺青,罗文波,徐平,等.粘弹性理论与应用［M］.北京:科学出版社,2004.

［57］薛凯喜,赵宝云,刘东燕,等.岩石非线性拉、压蠕变模型及其参数识别［J］.煤炭学报,2011,36(09):1440-1445.

［58］赵宝云,刘东燕,郑志明,等.基于短时三轴蠕变试验的岩石非线性黏弹塑性蠕变模型研究［J］.采矿与安全工程学报,2011,28(03):446-451.

［59］刘东燕,赵宝云,朱可善,等.砂岩直接拉伸蠕变特性及 Burgers 模型的改进与应用［J］.岩土工程学报,2011,33(11):1740-1744.

［60］刘东燕,赵宝云,刘保县,等.深部灰岩单轴蠕变特性试验研究［J］.土木建筑与环境工程,2010,32(04):33-37.

［61］赵宝云,刘东燕,郑志明,等.砂岩短时单轴直接拉伸蠕变特性试验研究［J］.实验力学,2011,26(02):190-195.

［62］赵宝云,刘东燕,朱可善,等.重庆红砂岩单轴直接拉伸蠕变特性试验研究［J］.岩石力学与工程学报,2011,30(S2):3960-3965.

［63］赵宝云,刘东燕,刘保县,等.深部灰岩三轴蠕变特性试验研究［J］.实验力学,2010,25(06):690-695.

［64］李守巨,张军,刘迎曦,等.基于优化算法的岩体初始应力场随机识别方法［J］.岩石力学与工程学报,2004(23):4012-4016.

［65］Itasca Consulting Group. Fast Lagrangian analysis of continua in 3 dimensions［M］. MN, USA: Itasca Consulting Group, Minneapolis, 2002 .

［66］陈育民,徐鼎平.FLAC/FLAC3D 基础与工程实例［M］.北京:中国水利水电出版社,2008.

［67］褚卫江,徐卫亚,杨圣奇,等.基于 FLAC3D 岩石黏弹塑性流变模型的二次开发研究［J］.岩土力学,2006(11):2005-2010.

［68］杨文东.坝基软弱岩体的非线性蠕变损伤本构模型及其工程应用［D］.济南:山东大学,2008.

［69］杨文东,张强勇,张建国,等. 基于 FLAC3D 的改进 Burgers 蠕变损伤模型的二次开发研究［J］.岩土力学,2010,31(06):1956-1961.

［70］于不凡. 煤和瓦斯突出机理［M］. 北京:煤炭工业出版社,1985:231-268.

［71］赵阳升. 矿山岩石流体力学［M］. 北京:煤炭工业出版社,1994:182-253.

［72］梁冰. 煤和瓦斯突出固流耦合失稳理论［M］. 北京:地质出版社,2000.

［73］尤明庆. 岩石的力学性质［M］. 北京:地质出版社,2007.

［74］何学秋. 含瓦斯煤岩流变动力学［M］. 徐州:中国矿业大学出版社,1995.

［75］曹树刚,边金,李鹏. 岩石蠕变本构关系及改进的西原正夫模型［J］. 岩石力学

与工程学报，2002（05）：632-634.

[76] 邓荣贵，周德培，张悼元，等. 一种新的岩石流变模型[J].岩石力学与工程学报，2001（06）：780-784.

[77] 高磊. 矿山岩石力学[M]. 北京：机械工业出版社，1987.

[78] 刘雄. 岩石流变学概论[M]. 北京：地质出版社，1994.

[79] 孙钧. 岩土材料流变及其工程应用[M]. 北京：中国建筑工业出版社，1999.

[80] 徐卫亚，杨圣奇，褚卫江. 岩石非线性黏弹塑性流变模型（河海模型）及其应用[J]. 岩石力学与工程学报，2006（03）：433-447.

[81] 韦立德，徐卫亚，朱珍德，等. 岩石粘弹塑性模型的研究[J]. 岩土力学，2002（05）：583-586.

[82] 陈沅江，潘长良，曹平，等. 软岩流变的一种新力学模型[J]. 岩土力学，2003（02）：209-214.

[83] 陈沅江，潘长良，曹平，等. 一种软岩流变模型[J]. 中南工业大学学报：自然科学版，2003（01）：16-20.

[84] 张向东，李永靖，张树光，等. 软岩蠕变理论及其工程应用[J]. 岩石力学与工程学报，2004（10）：1635-1639.

[85] 王来贵，何峰，刘向峰，等. 岩石试件非线性蠕变模型及其稳定性分析[J].岩石力学与工程学报，2004（10）：1640-1642.

[86] 杨彩红，毛君，李剑光. 改进的蠕变模型及其稳定性[J]. 吉林大学学报：地球科学版，2008（01）：92-97.

[87] 尹光志，王登科，张东明，等.含瓦斯煤岩三维蠕变特性及蠕变模型研究[J]. 岩石力学与工程学报，2008（S1）：2631-2636.

[88] 罗新荣. 煤层瓦斯运移物理与数值模拟分析[J]. 煤炭学报，1992（02）：49-56.

[89] 张广祥. 煤的结构与煤的瓦斯吸附、渗流特性研究[D].重庆：重庆大学，1995.

[90] 胡耀青，赵阳升，魏锦平. 三维应力作用下煤体瓦斯渗透规律试验研究[J]. 西安矿业学院学报，1996（04）：20-23.

[91] 卢平，沈兆武，朱贵旺，等. 岩样应力应变全过程中的渗透性表征与试验研究[J].中国科学技术大学学报，2002（06）：45-51.

[92] 姚宇平，周世宁. 含瓦斯煤的力学性质[J]. 中国矿业大学学报，1988（01）：4-10.

[93] 孙培德，鲜学福. 煤层瓦斯渗流力学的研究进展[J]. 焦作工学院报：自然科学版，2001（03）：161-167.

[94] 董平川，徐小荷，何顺利. 流固耦合问题及研究进展[J]，地质力学学报，1999（01）：19-28.

[95] 梁冰，章梦涛，王永嘉. 煤层瓦斯渗流于煤体变形的耦合数学模型及其数值解法[J].岩石力学与工程学报，1996（02）：40-47.

[96] 刘建军. 煤层气热-流-固耦合渗流的数学模型[J]. 武汉工业学院学报，2002

（02）：91-94.

[97] 汪有刚，刘建军，杨景贺，等.煤层瓦斯流固耦合渗流的数值模拟[J].煤炭学报，2001（03）：285-289.

[98] 赵阳升，胡耀庆.孔隙瓦斯作用下煤体有效应力规律的实验研究[J].岩土工程学报，1995（03）：26-31.

[99] 林柏泉，周世宁.煤样瓦斯渗透率的实验研究[J]，中国矿业学院学报，1987（01）：24-31.

[100] 卢平，沈兆武，朱贵旺，等.含瓦斯煤的有效应力与力学变形破坏特征[J].中国科技大学学报，2001（06）：55-62.

[101] 周世宁，林柏泉.煤层瓦斯赋存与流动理论[M].北京：煤炭工业出版社，1997.

[102] 宋颜金，程国强，郭惟嘉.采动覆岩裂隙分布及其空隙率特征[J].岩土力学，2011,32（02）：533-536.

[103] 张金才.采动岩体破坏与渗流特征研究[D].北京：煤炭科学研究总院，1998.

[104] 李树刚.关键层破断前后覆岩离层裂隙当量面积计算[J].西安矿业学院学报，1999（04）：289-292.

[105] 李树刚，钱鸣高，石平五.综放开采覆岩离层裂隙变化及空隙渗流特性研究[J].岩石力学与工程学报，2000（05）：604-607.

[106] 程远平，俞启香，袁亮，等.煤与远程卸压瓦斯安全高效共采试验研究[J].中国矿业大学学报，2004（02）：8-12.

[107] 程远平，周德永，俞启香，等.保护层卸压瓦斯抽采及涌出规律研究[J].采矿与安全工程学报，2006（01）：12-18.

[108] 刘三钧，林柏泉，高杰，等.远距离下保护层开采上覆煤岩裂隙变形相似模拟[J].采矿与安全工程学报，2011,28（01）：51-55+60.

[109] 张金才，刘天泉，张玉卓.裂隙岩体渗透特征的研究[J].煤炭学报，1997（05）：35-39.

[110] 张金才，王建学.岩体应力与渗流的耦合及其工程应用[J].岩石力学与工程学报，2006（10）：1981-1989.

[111] 傅雪海，秦勇，薛秀谦，等.煤储层孔、裂隙系统分形研究[J].中国矿业大学学报，2001（03）：11-14.

[112] 李宁，张志强，张平，等.裂隙岩样力学特性细观数值试验方法探讨[J].岩石力学与工程学报，2008（S1）：2848-2854.

[113] 孙培德.变形过程中煤样渗透率变化规律的试验研究[J].岩石力学与工程学报，2001（S1）：1801-1804.

[114] 尹光志，蒋长宝，王维忠，等.不同卸围压速度对含瓦斯煤岩力学和瓦斯渗流特性影响试验研究[J].岩石力学与工程学报，2011,30（1）：68-77.

[115] 梁冰，章梦涛，潘一山，等.瓦斯对煤的力学性质及力学响应影响的试验研究

[J]. 岩土工程学报,1995(05): 12-18.

[116] 高峰,许爱斌,周福宝. 保护层开采过程中煤岩损伤与瓦斯渗透性的变化研究[J]. 煤炭学报,2011,36(12): 1979-1984.

[117] 石必明,俞启香,王凯. 远程保护层开采上覆煤层透气性动态演化规律试验研究[J]. 岩石力学与工程学报, 2006(09): 1917-1911.

[118] 程远平,俞启香,袁亮. 上覆远程卸压岩体移动特性与瓦斯抽采技术[J]. 辽宁工程技术大学学报,2003(04): 483-486.

[119] 程远平,俞启香,袁亮,等. 煤与远程卸压瓦斯安全高效共采试验研究[J]. 中国矿业大学学报, 2004(02):8-12.

[120] 刘宝安. 下保护层开采上覆煤岩变形与卸压瓦斯抽采研究[D]. 淮南:安徽理工大学, 2006.

[121] 涂敏,黄乃斌,刘宝安. 远距离下保护层开采上覆煤岩体卸压效应研究[J]. 采矿与安全工程学报,2007(04): 418-421+426.

[122] 李明好. 下保护层开采卸压范围及卸压程度的研究[D]. 淮南:安徽理工大学, 2005.

[123] 余国锋. 卸压瓦斯抽采技术数值模拟研究[D]. 沈阳:东北大学, 2006.

[124] 毕业武. 保护层开采对煤层渗透特性影响规律的研究[D]. 阜新:辽宁工程技术大学, 2006.

[125] 夏红春,程远平,柳继平. 利用覆岩移动特性实现煤与瓦斯安全高效共采[J]. 辽宁工程技术大学学报, 2006(02): 168-171.

[126] 汪国华. 近距离上保护层开采卸压范围及临界层间距研究[D]. 焦作:河南理工大学, 2010.

[127] 刘洪永. 远程采动煤岩体变形与卸压瓦斯流动气固耦合动力学模型及其应用研究[D]. 徐州:中国矿业大学, 2010.

[128] 袁亮,郭华,沈宝堂. 低透气性煤层群煤与瓦斯共采中的高位环形裂隙体[J]. 煤炭学报, 2011,36(03):357-365.

[129] 刘林. 下保护层合理保护范围及在卸压瓦斯抽采中的应用[D]. 徐州:中国矿业大学, 2010.

[130] 王海锋. 采场下伏煤岩体卸压作用原理及在被保护层卸压瓦斯抽采中的应用[D]. 徐州:中国矿业大学, 2008.

[131] COMSOL Multiphysics User's Guide, Version 4.2a.

[132] COMSOL Multiphysics Modeling Guide, Version 4.2a.

[133] Mercera R A, Bawden W F. A statistical approach for the integratedanalysis of mine-induced seismicityand numerical stress estimates, a case study—Part I: developing the relations [J]. International Journal of Rock Mechanics & Mining Sciences, 2005,(42): 47-72.

[134] Maria B, Diaz Aguado, C.Gonzalez. Control and prevention of gas outbursts in coal

mines, Riosa-Olloniego coalfield, Spain[J]. International Journal of Coal Geology, 2006, 69(04): 253-266.

[135] Whittlesa D N, Lowndesa I S, Kingmana S W. Influence of geotechnical factors on gas flow experienced in a UK longwall coal mine panel[J]. International Journal of Rock Mechanics and Mining Sciences, 2005, 43(3): 369-387.

[136] Gasc-Barbier M, Chanchole S, P Bérest. Creep behavior of Bure clayey rock[J]. Applied Clay Science 2004, 26(1): 449-458.

[137] Maranini E, Brignoli M. Creep behaviour of a weak rock: experimental characterization[J]. International Journal Rock Mechanics and Mining Sciences, 1999, 36(1): 127-138.

[138] Palchik V. Formation of fractured zones in overburden due to longwall mining[J]. Environmental Geology, 2003, 44(1): 28-38.

[139] Okubo S, Nishimatsu Y, Fukui K. Complete creep curves under uniaxial compression[J].Int. J. Rick Mech. Min. Sci. & Geomech. Ahstr., 1991, 28(1): 77-82.

[140] Cruden D M. A Technique for estimating the complete creep curve of a sub-bituminous coal under uniaxial compression [J]. Int. J. Rock Mech. Min. Sci. & Geomech. Abstr. 1987, 24(4): 265-269.

[141] Yang C H, Daemen J J K, Yin J H.Experimental investigation of creep behavior of salt rock[J]. International Journal of Rock Mechanics and Mining Sciences, 1999, 36(2): 233-242.

[142] Shin K, Okubo S, Fukui K, et al. Variation in strength and creep life of six Japanese rocks [J]. International Journal of Rock Mechanics and Mining Sciences, 2004, 42(2): 251-260.

[143] Bérest P, Antoine P A, Charpentier J P, et al. Very slow creep tests on rock samples[J]. International Journal of Rock Mechanics and Mining Sciences, 2005, 42(4): 569-576.

[144] Pellet F, Hajdu A, Deleruyelle F, et al. A visco-plastic model including anisotropic damage for the time dependent behavior of rock[A]. Int. J. Numer. Anal. Meth. Geomech[C]. 2005, 29: 941-970.

[145] Sterpi D, Gioda G. Visco-plastic behavior around advancing tunnels in squeezing rock[J]. Rock Mechanics and Rock Engng, 2009, 42(2):319-339.

[146] Xu P, Yang T Q, Zhou H M. Study of the creep characteristics and long-term stability of rock masses in the high slopes of the TGP ship lock, China[J]. International Journal of Rock Mechanics and Mining Sciences, 2004, 41(3): 1-11.

[147] Miura K, Okui Y, Horii H. Micromechanics-based prediction of creep failure of hard rock for long-term safety of high-level radioactive waste disposal system[J]. Mechanics of Materials, 2003, 35(3): 587-601.

［148］ Denarié E, Cécot C, Huet C. Characterization of creep and crack growth interactions in the fracture behavior of concrete［J］. Cement Concrete Res., 2006, 36 (3): 571-575.

［149］ Murakami S, Liu Y, Mizuno M. Computational methods for creep fracture analysis by damage mechanics［J］. Computer Method Applied Mechanics and Engineering, 2000, 183(1): 15-33.

［150］ Pedersen R R, Simone A, Sluys L J. An analysis of dynamic fracture in concrete with a continuum visco-elastic visco-plastic damage model ［J］. Engineering Fracture Mechanics, 2008, 75(13): 3782-3805.

［151］ Lewis R W, Roberts P J, Schrefler B A. Finite element modeling of two-phase heat and fluid flow in deforming porous media［J］. Trans Porous Media, 1989, 4(4): 319-334.

［152］ Jim Douglas J R. Finite difference methods for two-phase Incompressible flow in porous media［J］. Siam J Numer Anal, 1983, 20(4): 681-696.

［153］ Lasseux, Michel Qulntard. Determination of permeability tensor of two-phase flow in homogeneous porous medial: Theory［J］. Transport In Porous Media, 1996, 24: 107-137.

［154］ Borisenko A. Effect of Gas Pressure in Coal strata［J］. Soviet Mining Science, 1985, 21(5): 88-91.

［155］ Zhu W C, Liu J, Sheng J C, et al. Analysis of coupled gas flow and deformation process with desorption and Klinkenberg effects in coal seams［J］. International Journal of Rock Mechanics and Mining Science, 2006, 44(7): 1-10.

［156］ Barry D A, Lockington D A, Jeng D S, et al. Analytical approximations for flow in compressible, saturated, one-dimensional porous media［J］. Advances in Water Resources, 2006, 30(4): 927-936.

［157］ Zou D H, Yu C, Xian X F. Dynamic nature of coal permeability ahead of a longwall face［J］. International Journal of Rock Mechanics and Mining Sciences, 1999, 36(5): 693-699.

［158］ ASTM Standard D4525. Standard test method for permeability of rocks by Flowing air［S］. American Society for the Testing of Materials, 1990.

［159］ Wu Y S, Pruess K, Persoff P. Gas flow in porous media with Klinkenberg effects ［J］. Transport in Porous Media, 1998, 32(1): 117-137.